生态农场典型案例

Typical Cases of
Ecological Farms

农业农村部农业生态与资源保护总站
中国农业生态环境保护协会
组编

中国农业出版社
北　京

图书在版编目（CIP）数据

生态农场典型案例 / 农业农村部农业生态与资源保护总站，中国农业生态环境保护协会组编. -- 北京 ：中国农业出版社，2025. 7. -- ISBN 978-7-109-33506-6

Ⅰ. S-0

中国国家版本馆 CIP 数据核字第 2025FB3380 号

生态农场典型案例

SHENGTAI NONGCHANG DIANXING ANLI

中国农业出版社出版

地址：北京市朝阳区麦子店街 18 号楼

邮编：100125

责任编辑：冯英华　刘　伟

版式设计：王　晨　　责任校对：吴丽婷

印刷：中农印务有限公司

版次：2025 年 7 月第 1 版

印次：2025 年 7 月北京第 1 次印刷

发行：新华书店北京发行所

开本：700mm×1000mm　1/16

印张：16.75

字数：320 千字

定价：158.00 元

编 委 会

主　任：王晋臣　孙法军　闫　成　高尚宾

委　员：李　想　何晓丹　徐志宇　孙仁华

编 写 人 员

主　编：孙仁华　胡潇方　陈旭蕾

副主编：李晓阳　代碌碌　孙元丰

参　编（按姓名拼音排序）：

陈天龙　崔向东　董　洁　杜志钊　多保鑫
樊　丹　冯志国　辜龙香　顾欣燕　韩建华
黄癸榕　焦世军　教子旭　李　煜　李纯燕
李世忠　梁志伟　刘国辉　刘月岩　马兵兵
倪莉莉　漆　馨　秦威锋　施俊生　苏莹莹
汤勇华　田文善　汪欣雨　汪玉磊　王　琼
王春丽　王雅宁　王玉娟　王泽民　夏胜银
夏雪梅　辛宜聪　杨　凤　杨玲玲　姚颜莹
易伟鹏　游　群　游　武　尉小强　苑　媛
张　凯　周凯军　朱荣胜　朱文博　朱哲江

前言

高投入、高产出的石油农业为消除全球饥饿、解决粮食供需矛盾做出了巨大贡献，但也给农业的可持续发展埋下了深远隐患。粗放生产带来的资源约束趋紧、生态环境破坏、气候变化加剧等问题，已成为威胁粮食安全的长期因素。农业作为支撑人类文明存续的基础性产业，正迫切需要一场系统性变革。

我国从20世纪80年代起开展生态农业的探索与实践，在省、市、县等区域尺度上形成了一批以农业废弃物资源化利用为核心的生态循环农业模式。党的十八大以来，一系列与农业绿色发展有关的政策文件、技术指南陆续出台，如《关于创新体制机制推进农业绿色发展的意见》、《农业绿色发展技术导则（2018—2030）》、《农业农村减排固碳实施方案》、《关于加快农业发展全面绿色转型促进乡村生态振兴的指导意见》等，加快引导我国农业向生态化、低碳化、产业化转型。

随着社会经济发展，城乡居民消费能力提升、健康意识增强，人们对高品质、多样化农产品的需求越来越高，对农业所能提供的物质产品以外的生态系统服务价值越来越关注。在政策引导与市场需求的双重驱动下，以新型农业经营主体为主导的新一轮生态农业实践蓬勃兴起。部分主体以农场为生产单元，秉持绿色发展理念，集成生态农业技术、现代信息技术、智能农机装备，探索生态产业化、产业生态化的新模式、新路径，为生态农业发展注入新的活力。

2016—2018年，农业农村部农业生态与资源保护总站（以下简称“生态总站”）联合中国农业生态环境保护协会（以下简称“农业环保协会”）、中国农业大学、浙江大学等单位，对东北、黄淮海、长江中下游、华南等地区的生态农场进行系统调研和分析，基本摸清了我国生态农场的发展情况。2021年起，生态总站联合农业环保协会在全国开展生态农场培育工作，目前已在全国培育700多家生态农场，带动培育2 000余家地方生态农场。

为进一步推动生态农场培育，我们遴选了一批生态理念先进、生态技术良好的典型生态农场，从基本情况、经营理念、做法模式、综合效益等方面作详细介绍。本书所选案例覆盖不同区域、不同类型的生态农场，体现了当前我国生态农业实践主体的生产经营模式与技术措施水平，供生态农业技术人员、实践主体及广大农业从业者参考借鉴。由于编者水平有限，本书不足之处请广大读者批评指正。

编　者

2025年3月

目录

种植型案例

东 北 地 区

通化禾韵现代农业股份有限公司

一、基本情况

通化禾韵现代农业股份有限公司成立于 2002 年，注册资金 4 472.97 万元，位于吉林省通化县光华镇，地处长白山南麓、我国寒地蓝莓核心产区。主营业务为蓝莓良种繁育、标准化种植、精深加工、冷链仓储物流等。农场布局包括蓝莓产品研发及繁育基地、蓝莓收储及加工、蓝莓标准化种植基地、旅游及康养服务、蓝莓交易市场等。农场总面积 5 637.5 亩，现有蓝莓收储中心 1 座，收储能力 12 000 吨，年加工能力 4 000 吨的产品深加工标准化厂房 1 座，加工设备 121 台套。深加工产品主要有果汁、果酱、果干、果酒、蓝莓叶黄素等。

农场种植基地

农场承担了“十一五”重大科技专项“蓝莓生物育种高技术产业化生产示范工程”，先后与吉林农业大学、美国康奈尔大学、中国农业科学院农产品加工研究所等建立长期技术合作，成立了“蓝莓生产关键技术研究与开发”“蓝莓遗传育种与创新利用”2 个省级科技创新实验室，培育出具有自主知识产权的蓝莓新品种“蓝星”“蓝韵”“瑞月”“都瑞”，研发了蓝杞膏、蓝莓枸杞洋参片、蓝莓叶黄素等系列蓝莓深加工产品。农场获得省部级科技进步奖一等奖两项、二等奖两项，制定了《寒地蓝莓良种繁育技术规程》等 3 项地方标准，拥有发明专利 5 项。农场注重挖掘蓝莓文化，每年举办“光华蓝莓节”“蓝莓采摘月”“产品推介会”等文旅活动。

二、经营理念

农场抓住国家实施乡村振兴和绿色发展战略的政策契机，打造了以蓝莓加工为中轴、以标准化种植基地为依托、以生态农业技术为核心的“大生产＋大加工＋大科技”的产业发展格局，积极发挥其省级农业产业化重点龙头企业的带动作用，依托资源、环境和区位优势，通过标准化示范基地建设，提高优质蓝莓产能，提升绿色种植技术集成应用，补齐蓝莓产业链在种植规模化和标准化上的不足和短板。通过新品种研发，培育适合东北高寒区种植的优质蓝莓种苗，解决蓝莓产业发展的新品种延续短板。通过品牌推广建设，提高通化县禾韵蓝莓知名度，提升高端市场占有率。通过多种措施加强构建蓝莓全产业链支撑体系，建设中国蓝莓优势产业示范区，推进蓝莓产业健康稳定高效发展，打造中国蓝莓高端市场领导品牌。

三、做法模式

1. 收储基地采取水循环利用模式 将收储基地冲洗蓝莓原料果的污水排入人工湿地，污水经过人工湿地净化后排入晒水池中，再通过滴灌设施灌溉周围的蓝莓园，实现水资源循环利用。

2. “沼果加”循环经济模式 产品深加工车间安装了大型沼气罐，将加工过程中产生的果渣和废水排入其中，经过发酵后，将生成的沼液通过滴灌施入田间，实现了零排放。

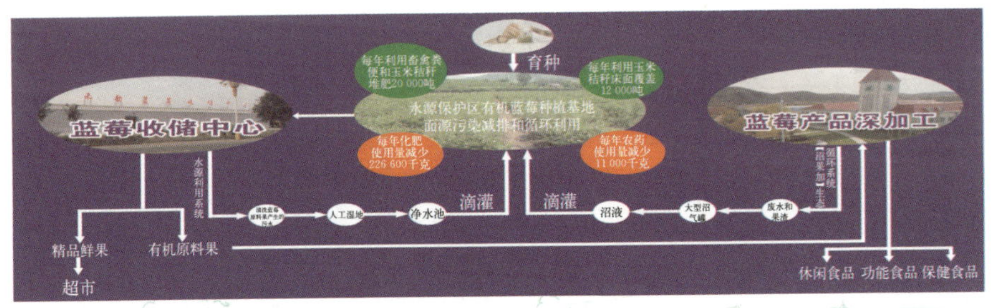

生态农业循环模式

3. 废弃物资源化利用模式

（1）床面覆盖粉碎玉米秸秆技术。将玉米秸秆粉碎成 6～15 厘米的长度，

4月下旬，撤完防寒土，追施一遍有机肥以后进行床面覆盖，覆盖宽度60厘米，覆盖厚度5～6厘米，覆盖均匀后拍平，确保无空隙和露床面现象，树体根茎部位必须盖严实，一般5月20日之前覆盖完成。土壤有机质缺乏、保水性差、易干旱的暗棕壤，或有机质缺乏、土壤酸化及养分比例失调的砂性冲积土，均适合玉米秸秆覆盖技术。该技术的应用有效解决了土壤保湿保墒问题，秸秆腐熟后能提高土壤有机质含量，同时控制了杂草生长，杜绝种植区使用化学除草剂。制定了地方标准——《寒地蓝莓玉米秸秆覆盖技术规程》（DB22/T 3393—2022）。

床面覆盖粉碎的玉米秸秆

（2）配方发酵有机肥替代化肥技术。蓝莓喜有机肥而不喜化肥，只有在有机质含量大于7%的土壤中蓝莓才能正常生长发育。对于有机质缺乏的地块，在生产中需要大量收集畜禽粪便和玉米秸秆，按照一定比例加入生物菌剂，抓拌均匀后堆肥，用塑料膜压实密封，完全密闭，适宜温度为25～55 ℃，高温阶段不能超过70 ℃，发酵时间为70～90天，直到略有酒精味，堆肥出现白色或灰白色菌丝，呈现疏松的团粒结构。每年撤除防寒设施以后或采果以后施入，使土壤中有机质含量恢复到7%～10%，满足蓝莓对有机质的需求，提高土壤肥力，改善土壤结构，平衡土壤酸碱度，防止土壤酸化，提高养分和水分利用效率。

施用有机肥

4. “产学研”合作模式 农场建立了完整的蓝莓科技成果转化体系，成立了吉林省蓝莓综合开发工程研究中心和蓝莓生产关键技术研究与开发吉林省校企联合技术创新实验室，研发推广蓝莓特色浆果深加工关键技术和蓝莓果渣酵素发酵工艺优化等蓝莓深加工技术，制定了《寒地蓝莓收储加工技术规范》（DB22/T 3321—2021）等地方标准。积极培育功能齐全、特色突出的配套公共服务平台，在仓储物流、网络服务、电商人才培养、劳动用工、农产品生产体系建设等方面取得了显著成效。农场建设蓝莓收储中心1座，加盟了“榛不同特产”商城、“悠果乐园”天猫旗舰店、“轩辕大叔”、“通化商盟”等农产品电商 App 网销平台，线上线下共同销售，已初步形成了东北地区最大的蓝莓配送中心。

四、综合效益

1. 经济效益　蓝莓种植是典型的高效农业产业，种植第三年进入收益期，第五年进入达产期，每亩产量 1 000 千克左右，价格平均在 20 元/千克，亩产值 2 万元，每亩纯收入 1.5 万元。通过生态农场创建，新品种、新技术推广应用，生产成本可降低 10%，产量提高 10%，鲜果品质提高 15%，农户每亩可以增收 2 000 元左右，农产品年产值增加 8%左右，大幅提升市场和品牌竞争力。

2. 生态效益　生态有机蓝莓产业的高效发展促进水源地水质和生态环境改善。区域内每年化肥用量减少 117 800 千克、农药用量减少 5 720 千克、利用畜禽粪便制作生物有机肥 5 200 吨、秸秆实现综合利用 3.6 万吨。

3. 社会效益　农场推行“龙头企业＋合作社＋农户”运营模式，利用龙头企业优势，减少产后损失，规避价格风险。通过保底分红的形式，农民以每亩地高于市场价 300 元的价格将土地流转给龙头企业，确保年分红款不低于 1 000 元。农民通过就业的形式，承包蓝莓基地管理，平均每户管理费每年 5 000 元，户均增收 5 万余元。采收季节，农场约 2 500 名农民进行采收作业，人均收入近万元。此外，农场每年为周边的蓝莓种植户提供优质种苗 500 万株，开展免费科技培训，1 500 余人次参加，辐射带动吉林东部山区蓝莓产业发展。

华北地区

北京绿火生态农业科技有限公司

一、基本情况

北京绿火生态农业科技有限公司成立于2016年，注册资金2 000万元，位于密云区十里堡镇河漕村。农场主营业务为设施蔬菜种植与销售，占地1 000余亩*，温室大棚400余栋，面积42.7万平方米，其中棚室面积42.58万平方米，办公设施面积1 200平方米。种植番茄、黄瓜、茄子、辣椒、叶菜类等几十个品种，年产蔬菜4 800吨，营业额5 000万元。农场推出了“活体蔬菜”，以牛粪、草炭、蛭石、沼渣、珍珠盐、稻壳等为基质，经高温灭菌后种植蔬菜，具有存活期长、可观赏、可食用等特点。

农场鸟瞰图

二、经营理念

采用“公司＋基地＋门店＋农户”的经营模式，秉持“绿色、新鲜、安全、贴心”的生态发展理念，实行立体种植。全年无间断种植蔬菜，保证会员新鲜蔬菜供应，采用冷链物流配送，保证蔬菜新鲜配送。通过提供技术指导、

* 亩为非法定计量单位，1亩≈667平方米。——编者注

农资支持、建立风险基金等多种方式，辐射带动周边农户种植蔬菜，以最低保护价收购、向农户适当返还利润等多种方式，构建了风险共担、利益共享机制，带动农户增收致富，助力乡村振兴。

三、做法模式

1. 坚持生态种植 农场为解决土壤质地差的问题，聘请专业团队对农场土壤酸碱度、重金属、微量元素等指标进行检测，制订土壤改良方案。通过深耕暴晒、过筛、去砾石、引进客土等多种方式改善土质。通过施用有机肥、腐殖质等提升土壤有机质含量。农场建造了发酵池，收集尾菜、秸秆、瓜秧进行堆肥发酵制成有机肥替代化肥，既改善了蔬菜品质，又消纳了农业废弃物，实现了废弃物资源化利用。农场还将过期酸奶发酵成肥料，以提升种植蔬菜的品质。农场灌溉全部采用膜下滴灌、微灌等方式，并采用文丘里施肥器水肥一体化设备与技术，可节水75%以上。

酸奶发酵

喷灌

2. 坚持规范管理 2019年以来，农场面临大棚整治等各种困难和挑战，积极采取应对措施，快速调整发展方向，改建新型柔性日光大棚，向农业专业化、规模化方向发展。目前，新建的300多栋大棚已产出番茄近100万千克。

设计开发的“活体蔬菜”，以会员制的方式进入城市，让市民在家里实现种植和采摘。针对农场在标准化生产、资源化利用、品牌化发展等方面存在的不足，邀请专家、技术人员进行指导，并组织农场技术人员到北京市农林科学院、北京农学院以及优秀农场学习，制定农场技术规范和管理制度，对农场进行逐步改造。

“活体蔬菜”

线下直营门店

3. **坚持创新发展** 农场引进新型柔性日光大棚，全部使用可再生材料，不产生建筑垃圾，不破坏耕地，且柔性日光大棚的光照时间与传统大棚相比相对充足。综合应用棚室温湿度调节、倒茬轮作、蜜蜂授粉、糖醋液、天敌昆虫、生物农药等农艺措施和绿色防控技术，控制病虫害发生，提升产品质量和品质。应用全生物可降解地膜、可降解吊蔓等新型农资产品，减少白色污染，保护生态环境。农场通过技术指导、农资支持等措施，带动周边10多个村进行蔬菜种植。

全生物可降解地膜

生物防治

四、综合效益

1. **经济效益** 2023 年，农场生产总投入 3 800 万元，6 家线下门店销售额 4 500 多万元，线上门店销售额 500 多万元，总盈利 1 200 万元，较 2022 年增长 15%。

2. **生态效益** 通过农业废弃物循环利用，将农作物秸秆作为沼气基料处理，产生的沼液、沼渣作为有机肥，既实现了秸秆资源化利用，又减少了环境污染和资源浪费。

3. **社会效益** 农场通过技术指导等方式，带动周边 4 个自然村 100 余户增收致富，农户种植蔬菜产量提升了 30%，平均增收 2 万～5 万元，解决当地 40 余人的就业问题，辐射带动了周边蔬菜生产面积达 800 亩，示范带动效果显著。

青县司马庄绿豪农业专业合作社

一、基本情况

青县司马庄绿豪农业专业合作社成立于2007年，注册资金800万元，位于河北省沧州市青县清州镇司马庄村，南接沧州，北依京津，总面积437.74亩，是一家集瓜菜研发、新品种试验、特色蔬菜生产、加工销售、科技培训、农业休闲采摘等多业态于一体的新型农业经营主体。建有科技研发楼1座、游客中心1座、工厂化育苗车间1个、日光温室52个、连栋大棚21座、菜博园1座、竹竿棚8个、钢构防虫大棚3个，引进国外新型气象监测设备2套、蔬菜质量检测设备1套。近年来，农场示范推广生物源农药、物理杀虫、昆虫授粉、环保套袋、好氧堆肥等绿色生产集成技术10余项，名特优蔬菜、瓜果新品种500余种，其中21个蔬菜品种通过绿色食品认证。农场与中国农业科学院蔬菜花卉研究所、中国农业大学、河北省农林科学院经济作物研究所、河北农业大学、河北科技师范学院、河北省现代农业产业技术体系创新团队、国家大宗蔬菜产业体系、天津蔬菜产业技术体系等13个专家团队建立合作关系，主要围绕筛选新品种、新技术、绿色防控技术，生产标准化、智慧化、农业化等方面进行试验示范。

种植作物

二、经营理念

农场形成了蔬菜标准化生产体系，是集选种、育苗、定植、施肥、浇水、整枝吊蔓、病虫害防治、采收、检验、销售、溯源等于一体的完整生产管理体系，同时将尾菜、尾果、秸秆高温沤肥用于蔬菜种植，将废弃农膜、包装袋放在指定点统一交回定点回收站，进行无害化处理，减少环境污染，促进废弃物资源化循环利用。农场创新发展“生态种植”产业模式，以特色蔬菜带动农户蔬菜种植产业发展，引进新品种、新技术，发展特色蔬菜、水果，利用新奇特蔬菜水果发展餐饮业、采摘业、休闲旅游业和高效农业，促进一二三产业融合发展，提高产品附加值。

三、做法模式

1. 生态循环农业模式

（1）菜田土壤有机质提升技术。玉米、小麦、水稻秸秆及蔬菜残茬等废弃物经粉碎处理后与畜禽粪便、菌剂等混合翻堆发酵，生产出绿色高效有机肥用于蔬菜生产，增加土壤有机质含量。

秸秆堆肥

（2）蔬菜废弃物高温堆肥技术。蔬菜秸秆、玉米秸秆粉碎成 5 厘米左右，将蔬菜废弃物、玉米秸秆、粪肥和腐熟剂按照 1∶1∶1∶0.5 至 2∶1∶1∶0.5 的重量比进行混料，分层堆放，堆温达到 65～70 ℃，翻堆 2～3 次，经 30～35 天，变成腐熟有机肥，用于蔬菜生产。

（3）蔬菜废弃物酵素生产与利用技术。按照 3∶1∶10 的比例，将粉碎的蔬菜废弃物、红糖、水放进大缸或塑料桶进行厌氧发酵，第一个月每天打开放气、搅拌，第二个月封闭，3 个月后酵素做成。酵素含有多种活性益生菌和酶，具有促进植物生长、净化水体、减少农药化肥污染等多种作用。

制作酵素

2. 生态技术应用

(1) 高温闷棚。夏季上茬作物收获后，清除作物残体，在棚内铺施有机物料和撒施化肥，添加有机物料腐熟剂，深翻整地后进行灌水，然后地面覆膜并封闭棚室，闷棚 25～30 天。生物熏蒸剂消毒：农膜覆盖地表，然后冲施 20% 辣根素水乳剂 5 升/亩，密闭地膜并封闭棚室，高温闷棚 15 天，揭开地膜 1～2 天后即可播种或定植作物。

(2) 活化土壤微生物。定植前，每亩施用微生物菌剂 500～1 000 克，或生物菌肥 40～80 千克，或枯草芽孢杆菌 3 000 克，增加土壤有益微生物群落，减少化肥施用。

(3) 集约化穴盘育苗。应用蔬菜育苗专用设施装备，对设备及工具及时消毒，通过基质选择和配制、水肥管理、绿色防控和环境调控等，实现集约化育苗，节省用种、用工。

集约化育苗

(4) 水肥一体化。采用膜下滴灌和膜下微喷灌两种灌溉方式，利用水肥一体化自动控制灌溉机实现对灌溉、施肥的定时定量控制，从而实现节水节肥和高效灌溉。

灌溉设施

（5）机械化生产。示范推广小型旋耕机、开沟筑畦机、水肥一体化自动灌溉施肥机、田间运输车、智能放风机等，以及棚室新技术（新型保温被、太阳能集散热系统、土壤储热系统等）与农艺技术结合应用，提高蔬菜生产机械化水平，减少人工投入，降低生产成本，提高生产效率。

（6）熊蜂、蜜蜂授粉。利用熊蜂、蜜蜂为果菜类蔬菜授粉，具有省工省力、授粉率高、授粉均匀的特点，可有效提高坐果率、增加产量、促进早熟，还可大大降低空洞果率和畸形果率，改善产品品质，可节省用工成本25%以上，使优质商品果率提高20%以上。

机械化设备

熊蜂授粉

（7）病虫害绿色防控。选用抗病虫品种、嫁接、夏季喷施遮阳剂等农业措施。应用防虫网、粘虫板、杀虫灯、天敌、生物农药等。使用电动喷雾器、常温烟雾机、有机硅助剂等农药增效技术，减少化学农药施用量。

绿色防控措施

（8）农产品检测。园区配有自检设备，采收和销售前进行自测，保证产品质量。

四、综合效益

1. 经济效益　农场年销售收入749万元，收益约233万元，销售利润率达 31.11%，经济效益显著提升。

2. 生态效益 有机肥替代化肥，复合肥施用量从 30 千克/亩减少到 10 千克/亩，有机肥用量增加为 1 000 千克/亩，有机肥替代化肥比例约为 66%。使用防虫网、防虫灯、可降解黄板、喷雾器等物理杀虫设施，可减少 2～3 次农药施用，用药量减少至少 50%。通过膜下滴灌及水肥一体化设备应用，节水约 75%。

3. 社会效益 组织培训，促进农户学习新技能、了解新品种、运用新技术。农户按照农场的种植标准，统一选种、育苗、种植，做好生产记录，技术员定期现场指导，采收后以高于市场价 10%～20%的价格收购农户种植的蔬菜，统一检验后进入车间包装、销售，保证产品质量，稳定销路，促进农业增产、农民增收。

永清县丰沐生态农业开发有限公司

一、基本情况

永清县丰沐生态农业开发有限公司成立于 2016 年，注册资金 6 250 万元，位于河北省廊坊市永清县刘街乡彩木营村。目前农场已流转土地 1 800 亩，用于种植玉米、番茄等农作物。现有 150 亩设施番茄种植基地，1 470 亩玉米、高粱、大蒜基地，年产普罗旺斯、秀福、心动、龙井等优质番茄 750 吨，玉米 800 吨，高粱 300 吨，大蒜 20 吨。番茄主要销往北京，并在京东、抖音、淘宝等网络平台设立旗舰店，通过抖音直播、微直播等多种销售方式，拓展销售渠道，吸引游客休闲采摘。

农场建有年产量 10 万吨的有机肥厂，4 000 平方米农业科技展览培训中心，5 000 平方米蔬菜分拣中心以及 700 平方米办公区。有机肥加工厂区占地 50 亩，总投资 3 000 余万元，年产有机肥 10 万吨，现有员工 30 人，生产车间、成品仓库 7 360 平方米，发酵车间 2 160 平方米。生产设备有自走式翻抛车、链板翻抛机、发酵池曝气系统、粉碎机、圆盘造粒机、24 米滚筒烘干机、22 米滚筒冷却机、包膜机、颗粒（粉剂）包装机、自动码垛机。环保除臭设备有引风机、喷淋塔、UV 光氧机、干燥机、烟筒等。设有专业化验室，设备包括肥料养分检测仪、水分测定仪、pH 检测仪、恒温干燥箱、往复振荡器等。

农场建有 4 000 平方米智能玻璃温室用作农业科技展览培训中心，与河北农业大学、河北省农林科学院、廊坊市农林科学院等科研院所建立合作关系，聘请设施农业、园艺等方面的专家在基地开展试验示范，引进国内外先进技术和品种，进行新品种、新技术试验展示，辐射和带动周边农户，推动区域蔬菜产业发展，促进农民增收。

农场种植基地

二、经营理念

永清县是北京周边主要的蔬菜生产基地，农场所在区域属于永定河流域，土壤肥沃、地势平坦、水资源丰富，适合种植番茄等各类蔬菜。农场与永清县天丰粮油购销有限公司、廊坊庄稼汉农业设施有限公司、蔷薔农机农民专业合作社、永清县旺旭牧业有限公司、永清县丰盛农业科技有限公司等多家企业建立了利益联结机制，树立“利益共享、优势互补、共同发展”的经营理念，采取“企业＋合作社＋基地＋品牌＋农户”的利益联结经营模式。为促进种植业和地方经济发展，农场与农户签订番茄、大蒜生产和收购协议模式，直接带动农户3 200多户，带动合作社、家庭农场等新型农业经营主体23家，间接带动农户15 100多户。

三、做法模式

1. 生态技术应用 设施番茄、玉米、高粱、大蒜种植全部采用滴灌、水肥一体化等节水灌溉方式，采用物联网一体机检测温湿度，节约人力资源。使用滴灌技术，水可直接输送到农作物根部，比喷灌节水20%，滴灌技术比传统的灌溉方式节约用水和节省肥料30%以上。使用物联网一体机可以对灌溉数据进行控制、监测、分析，实现智能化灌溉。

灌溉设施

大田采用杀虫灯、诱虫灯防虫除虫，灭杀率达95%以上。设施番茄种植采用防虫网、悬挂黄板等物理防虫除虫，利用高温闷棚进行病害管理，采用人工除草、机械除草等方式大大减少农药施用量。

使用杀虫灯、黄板、防虫网

农场将秸秆等农业有机废弃物合理回收利用，通过微生物发酵处理、秸秆堆肥发酵等技术，制作成有机肥，用于玉米、高粱、番茄、大蒜种植。实现了农业废弃物综合利用，减少了环境污染，减少了化肥施用量，提高了土壤有机质含量，提升了作物品质。

农场拥有检测室，配有有机肥检测仪、农药残留快速测试仪、糖分测量仪等检测设备，可以对每批次生产的产品进行检测，严格控制产品质量。

秸秆堆肥

2. “农业＋旅游”产业模式　2023 年 4 月，组织召开“永清县刘街乡彩木营首届西红柿文化旅游节”，开展西红柿擂台赛，调动彩木营及周边村民种植番茄、培育品牌产品的热情，带动发展温室大棚 2 000 亩，吸纳客户旅游采摘，增加农民收入。

活动现场

四、综合效益

1. 经济效益　2023 年农场总收入为 666.56 万元，年利润为 142.586 万元。年均聘用 100 多人，人均年劳务收入 26 000 元，为农民提供了稳定的就业机会，带动了当地经济发展。

2. 生态效益　农场采用绿色生态的种植方式，减少对土地和水资源的污染，通过施用有机肥，提高土壤肥力，农药化肥包装回收率达到 100%，秸秆利用率达到 100%，化肥、农药施用量逐年下降。

3. 社会效益　2023 年，农场为周边农户提供 50 个就业岗位，辐射种植面积 2 000 亩。年示范推广优良品种和集成技术不少于 5 项，举办科技成果展示活动 2 次以上，通过组织专家培训、基地展示、现场示范等，开展互动式的营销活动，如开放日、采摘体验等，加强农场与消费者的联系。

内蒙古朵日纳现代农业有限责任公司

一、基本情况

内蒙古朵日纳现代农业有限责任公司成立于2014年4月，注册资金1 500万元，位于内蒙古自治区鄂尔多斯市伊金霍洛旗。农场占地面积250亩，是一家集绿色蔬菜种植、旅游休闲观光、农业科技服务、农产品销售、科普教育等于一体的综合性农场。农场拥有智能温室5 200平方米，日光温室12 000平方米，育苗车间100平方米，农残自检实验室30平方米，包装配送车间200平方米，预冷保鲜车间90平方米，冷藏库90平方米，配送车辆2辆。种植番茄、黄瓜、茄子等30余种蔬菜，年生产蔬菜量10万～15万千克。农场饲养孔雀、火鸡、牦牛、藏香猪、梅花鹿等特色动物79只，配套休闲娱乐项目，开展中小学生社会实践以及农牧民技术培训等活动。此外，农场还设有包装车间，配备先进的冷链设施，以保持农产品的新鲜度和品质。

农场温室

二、经营理念

农场以生态保护为前提，将先进农业技术与传统农耕智慧相融合，通过引入新型农业技术，积极拓展销售渠道，并延伸产业链，开展农产品加工、农业旅游等项目，达到经济效益、社会效益、生态效益平衡发展。农场自建物流配送体系，打造了集种植、预冷保鲜、包装配送于一体的业务模式，为消费者提供从源头采摘到配送上门的高品质一站式绿色农产品服务，实现了从田间到餐桌的有效衔接。注重农产品品质提升和品牌塑造，打造了特色品牌“美好优选”。积极加强与科研机构合作，大力开展农业创新研究与实践。此外，农场还打造沉浸式农耕文化体验项目吸引消费者。

三、做法模式

1. 资源节约 一是节肥，施用生物有机肥和菌肥，提高肥料的利用率和转化率，进行测土配方精准施肥，减少化学肥料的盲目施用。氮肥用量降低35%以上。二是节药，建立较完善的全程绿色防控体系，采取蔬菜生产的全程绿色防控措施，运用物理、生物防治等措施，化学农药替代比例达到30%以上。三是节水，采用滴灌方式，水肥一体化管理，节水比例达到50%以上。四是节劳，采用农业机械设备，使用自动化喷雾器、小型农机具、自动起放棉被、放风器、农用通自动监测装置等。五是建立面源污染废弃物综合处理站，将农作物有机废弃物进行发酵、腐熟和堆肥处理，使其转化为有机肥料和酵素。六是对农药、肥料和地膜等包装废弃物进行分类回收，统一送至回收站处理。

农场种植的蔬菜

小型农用器械

2. 生态农业技术 一是农业防治技术，采用抗病虫品种、种植嫁接苗、高垄膜下滴灌、合理水肥管理、合理温湿度调控、清洁田园、轮作倒茬、高温闷棚等措施，可减少病源、虫源。二是物理防治技术，采用灯光、色板诱杀技术和频振式杀虫灯诱杀蛾类害虫，用可降解黄板、蓝板诱杀斑潜蝇、粉虱、蓟马等害虫，用防虫网阻隔害虫进入棚内。三是生物防治技术，通过释放捕食螨（巴士新小绥螨、智利小绥螨、斯氏钝绥螨、土生剑毛螨）防治蓟马、粉虱、红蜘蛛，丽蚜小蜂防治白粉虱，异色瓢虫防治蚜虫；施用含有苏云金杆菌、枯草芽孢杆菌、哈茨木霉菌等的生物菌肥防治土传病害。四是生长调节剂及信息素，用于防治蓟马、番茄潜叶蛾等害虫。五是高效低毒农药，选用生物制剂和高效低毒低残留农药防治病虫害，如印楝素、白僵菌、苦参碱、苏云金杆菌、枯草芽孢杆菌等。六是农药器械，选用超低量喷雾机，用药达到少量高效，如弥雾机、移动风送式超低量喷雾机等十多种类型。七是虫情监测，安装了虫情自动监测装置、风吸式太阳能杀虫灯、迁飞性害虫高空测报灯用于监测虫情。八是其他技术，如电解酸解氧化仪、熊蜂授粉技术、二氧化碳施肥器、LED植物补光灯和激光灯。

灯光杀虫、色板诱杀

3. 其他方面 构建了“公司＋基地＋农户＋科技特派员”的生产模式，有效整合了各方资源，形成产、加、销一条龙链条。采取直供服务模式，24小时之内从农场到餐桌，为消费者提供“健康、安全、新鲜、美味”的优质食材和高品质一站式的绿色农产品服务。

农产品加工冷藏

四、综合效益

1. **经济效益** 近年来，农场积极打造品牌“美好优选”，开发了诸多优选农副产品，如羊肉礼盒、牛肉礼盒、干果礼盒、鸡蛋、红酒、富硒面粉、富硒大米、豆腐、豆芽、粉条、酸菜等丰富多样的产品，凭借优质的产品和良好的口碑，年均收益达到800万元，成功带动周围农户年均收入增长20%。

2. **生态效益** 农场在减少化肥、农药等投入品方面取得了显著效益，氮肥用量降低了35%，农药用量降低了25%，节水比例达到50%以上，废弃物资源化利用率达到了90%，土壤有机质含量提升，土壤肥力明显增强。

3. **社会效益** 带动农民就近就地转移就业40余人，人均年收入增至5万元以上，提高了当地农牧民的生活水平。农场通过绿色种植模式影响和带动了周边地区，推动了生态农业技术的广泛应用，成为当地农牧业发展的标杆和典范。

华东地区

南京市六合区圩里农地股份专业合作社

一、基本情况

南京市六合区圩里农地股份专业合作社成立于2017年，是六合区龙袍街道赵坝村集体领办的合作社，注册资金285.328万元。农场地处江滁湿地，自然资源优越，拥有连片平整耕地和便利的灌溉条件，凭借高标准农田与水利整合试点项目，建设灌排沟、排水沟、穿路涵洞、农田林网等，形成“田成方、林成网、渠相连、路相通”的布局。农场积极探索“村集体＋合作社＋农户”模式，流转高标准农田662亩，以稻麦种植为主，因地制宜发展特色稻米产业。

农场分为4个区：东南区约250亩生态池塘，保留有生态岛，保护田间生物多样性，种植品种为南粳46、南粳9108，平均亩产650千克；西南区约220亩，重点打造田园乡村，种植品种为南粳46，平均亩产600千克；西北区为省级农田质量监测点，种植品种为南粳9108，平均亩产600千克；东北区配套田埂显花植物，以高产引领示范种植为主，种植品种为常优粳10号，平均亩产725千克。

农场鸟瞰图

农场与江苏省农业科学院联合打造500亩“金陵味稻”核心种植基地；与南京农业大学合作，开展土壤环境的水稻、小麦氮素高效田间定位试验；参与中国农业生态系统创新性转型项目；参与南京市重点流域稻麦化肥减施减排与优质丰产技术协同推广与示范项目；开展“苏韵乡情”中小学生田间研学活动。

二、经营理念

目前农场面临的问题，一是农产品市场化程度低，产业链条短，缺少存储和加工环节，产品附加值不高，产品类型单一，品牌价值低。二是人才短缺，田间管理人员以当地农户为主，对农业生态技术认知不够，缺乏专业的农机操作人员和管理人员。

农场主要采取以下措施：一是改进稻米仓储设施、建设生产加工线等，促进稻米精深加工，提升稻米产品附加值，延长产业链条；二是通过挖掘产地特色，讲好品牌故事，提高品牌知名度，开发乡村特色产品，坚持品牌打造与精深加工融合发展，开发米糕、米酒等稻米衍生产品；三是推广应用生态种植技术，定期邀请专家授课，传授种植技术，参加市区组织的农业生产交流活动，同时依托农业社会化服务中心，开展“机耕、育秧、插秧、植保、机收、秸秆还田”等全程机械化作业和农事社会化综合服务；四是借助长江湿地等自然资源优势，发展休闲农业。

三、做法模式

1. 培肥地力，稳产增产 通过秸秆粉碎还田、增施商品有机肥、轮作休耕等方式，培肥耕作层，提高耕地产出能力。稻米收获后，利用收割机将秸秆粉碎，加快秸秆腐熟，进行秸秆还田。当土壤水分含量较高时，采取秸秆深旋还田；土壤水分含量较低时，采取秸秆深翻还田。

2. 绿色生产，实现“双减” 采用绿色生态种植管理，从源头减肥控水，实施绿色生产技术。一是优选南粳 46、南粳 9108、常优粳 10 号、扬麦 33 等优良稻麦品种，水稻育秧采用“硬盘+秸秆育秧基质块”技术。二是通过测土配方施肥、水稻侧深施肥、智能化精准灌溉等措施，减少化肥施用量。

水稻侧深施肥

3. 生物防治，保护多样性 一是田埂边种植大豆、芝麻等显花作物，为天敌营造良好的繁殖环境，发挥自然控害作用。二是安插诱捕器，诱杀二化螟和稻纵卷叶螟。三是利用太阳能杀虫灯诱杀稻飞虱、螟虫、稻纵卷叶螟等，减少化学杀虫剂用量。四是开展绿色防控，施用生物农药，减少农药用量。五是保留农田生态塘，为鸟类、昆虫及其他小型动物提供食源、栖息地，从而控制农田病虫害。

农田生物多样性保护

生态田埂、生态河道

4. 培育品牌，产学结合　一是与科研院校紧密合作，引入先进技术和理念，提高种植管理水平，严格按照标准种植管理，产品通过绿色农产品认证，注册“赵坝紫雁”商标，实行统一包装，并与南粮集团合作，采用现代加工技术，成品米达国家一级标准以上。二是加入南京市稻米产业联盟，与南京供销集团合作，通过市优质农产品展示、市农业嘉年华、省科普惠农兴村成果展等展销活动，宣传推介品牌，借助金陵船厂等共建单位资源，拓宽销售渠道。

水稻标准化种植

四、综合效益

1. **经济效益** 农场平均每亩产出水稻 625 千克，产出大米 430 千克，销售价格为 10 元/千克，合计收益 4 300 元，每亩稻田利润率约 30%，每年利润约 85 万元；小麦平均亩产 475 千克，销售价格为 2.4 元/千克，每亩产值 1 140 元，每亩成本 900 元，每年利润约 15.8 万元；农场每年开展优质产品宣传推广活动，组织各类现场观摩会活动、农民培训班等研学活动，年收入约 5 万元，合计年利润 105.8 万元。

2. **生态效益** 农场规模化、生态化种植采取的系列措施：一是保护水渠堤岸植被，防止水土流失，净化美化环境；二是种植过程中产生的农业废弃物回收再利用，作物秸秆还田，提高了土壤有机质含量，同时节能减排、减少环境污染；三是利用生态工程技术、绿色防控技术，减少了化肥和化学农药的用量，维护了农田生态系统的稳定，保护了农田生物多样性。

3. **社会效益** 一是新品种示范推广，推广种植高产优质、多抗广适、食味性强的南粳 5055、南粳 9108、南粳 46 等水稻品种，目前当地该类品种的种植面积达 70%。二是新技术推广应用，采用育秧机插秧的方式，提前做好大田“封闭”，有效抑制田间杂草，同时，采用测土配方、有机肥代替化肥、安装灭虫灯和诱捕器等措施，有效减少农药化肥用量。三是带动农民增收，吸引周边 20 多名村民务工，人均收入增加 5 000 元，带动村民增收效果显著。

浙江更香有机茶业开发有限公司

一、基本情况

浙江更香有机茶业开发有限公司成立于2001年，注册资金4 300万元，位于武义县西南部——白姆乡金坑脚。农场专做有机茶叶20多年，集种植、加工、销售、研发、农旅、外贸于一体，2022年鲜叶年销量达45万千克。农场总面积480亩，布局合理，配有园区小型水库面积9亩，水坝长30米，水泥硬化农用道路及水沟10 000米，农资用房750平方米，建有茶园喷滴灌设施系统。“更香有机茶”先后通过欧盟EC、美国NOP和中国有机认证，绿茶、红茶获得“绿色食品”认证。先后创建国家茶叶加工技术分中心、浙江更香有机茶研究院、省级农业企业研发中心等科研平台。与中国农业科学院茶叶研究所、浙江省农业农村厅、浙江大学、安徽农业大学等科研院校建立紧密的产学研合作关系。完成国家/省/市各级项目50多项，获3项科技成果奖、6项科技进步奖、1项发明专利、12项实用新型专利、1项软件著作权登记。

农场实景图

二、经营理念

有机茶作为一种优质、安全、健康的茶叶，国内外潜在市场越来越广阔，发展前景十分美好。农场以“数字、低碳、有机、生态”为经营理念，采取统一监督管理、统一供给生产资料、统一技术规范、统一培训、统一收购鲜叶、统一生产管理、统一认证、统一品牌的“八统一”管理模式，用“市场+公司+基地+承包人+农户”的绿色产业链架起了与种植户之间的桥梁，带动种植户增产增收。

三、做法模式

1. **建设标准化生态茶园**　严格按照有机茶园和生态农场建设要求，远离城市、村庄、交通干线、工矿等，建设在海拔 300～500 米，土层深厚、肥沃、物质充足的区域。每 2 年进行 1 次土壤污染物和灌溉水检测，土壤 pH 在 4～5，土壤有机质含量≥10 克/千克，可满足当地茶品种生长需求。每亩种植 2 000～3 000 株茶树，方便管理和维护，园区内有多种茶树品种，如鸠坑种、春雨 1 号、春雨 2 号、中茶 108、水灵一号、金观音、白茶、黄金芽等，分早、中、晚季，合理安排采摘和农事管理。茶林间作，茶园基础设施完善，建有 7 000 米水泥硬化农用道路、1 400 米山地运输轨道，可减少人工搬运成本、保证茶叶质量。

2. 推行生态循环技术 通过种植绿肥、有机肥替代化肥、枝条返园等方法，达到保湿、增肥、以草治草的效果，实现固碳减排、生态循环。

（1）有机肥＋绿肥。每年 10—11 月施用菜籽饼肥作为冬肥，用量为 300 千克/亩，茶园间种绿肥三叶草草籽 10 千克/亩。

（2）枝梗还田。每年春、秋两季，修剪的老茶枝条每亩在 1 000 千克左右，每年茶叶加工后产生的茶梗以及通过除尘设备收集的茶末约 10 吨，进行还园。

（3）除草覆盖。每年进行 3 次人工除草，并将杂草铺在茶行中。

山草覆盖、茶梗还园

种植绿肥、施用菜籽饼肥

3. 应用绿色防控技术 病虫害防治方面，遵循“预防为主，综合治理”的方针，科学使用茶园绿色防控技术控制病虫害发生，注重保护茶园生态环境，营造有利于生物多样性的环境。

（1）农业防治。适时采摘幼嫩茶叶；合理修剪，春茶后深修或重修剪，秋末进行轻修剪；秋末结合施肥进行耕翻；及时清园，将有虫害的叶子清出茶园或深埋。做到每年除草 3 次、翻耕 1 次、修剪 2 次、采摘 4 次。

（2）生态防治。构建茶园小型生态系统，茶园套种和间种了各种树木 8 000 余株，以增加生物多样性，有利于益虫益鸟的生存，达到了可持续可循环的发展目的。

（3）物理防治。安装太阳能诱虫灯 20 盏，利用害虫的趋光性进行捕杀；每公顷挂 300～375 块信息素色板，防治茶毛虫、茶尺蠖等目标明显和群集性强的害虫；安装声光精准防控设备 10 台，利用声音和光在特定时间段对小绿叶蝉进行定位干扰，阻止其繁殖。

声光精准防控设备、黄板

（4）生物防治。虫害发生较多的茶园，适量使用有机茶生产标准允许的植物源、微生物源、矿物源类生物农药。现代茶园绿色防控技术应用到位，茶园生物多样性丰富、生态系统稳定，确保了茶叶质量安全。

4. 全面推行数字化农业技术 2020 年以来，农场在现有产品管理体系的基础上，投资 2 000 多万元，联合浙江大学、浙江工业大学、杭州电子科技大学等科研单位共同研究建设茶叶全程数据中心、茶叶制作数字化管理平台，建成 1 120 亩智慧茶园及数字化曲形绿茶、针形绿茶、武阳工夫红茶连续化生产线，实现了从“凭经验做茶”到“看数字做茶”的转变。目前三条生产线日加工能力达 3 万千克鲜叶，比原来提高 60%，成功打造了集有机模式、数字化模式、可视化模式于一体的更香有机茶科技示范园。

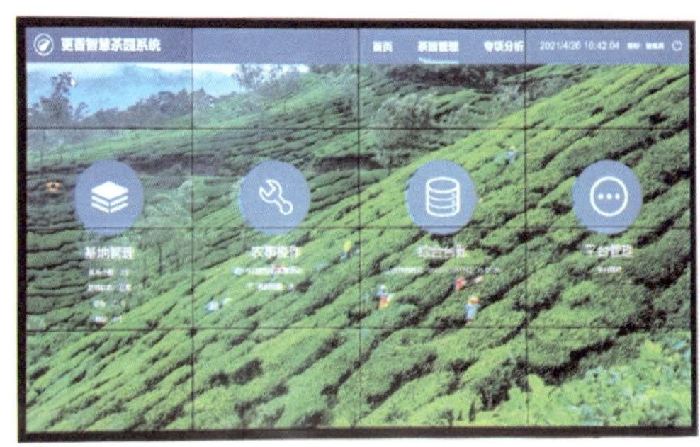

数字茶园系统

毛峰型绿茶数字化生产线

四、综合效益

1. 经济效益 与传统生产管理相比，经过生态化和数字化建设，茶叶生产能耗从 3.2 元/千克降低到 2.9 元/千克，劳动力成本降低 50%，场地利用率提高 30%。更香有机茶叶作为联合利华、星巴克、纽崔莱等国际知名企业供货商，带动有机茶售价平均增长 10%，鲜茶收购价增长 15%，茶农年均增收 1 000 元/亩以上。

2. 生态效益 农场科学使用绿色防控技术，适当使用生物农药，整体农药用量降低 90%以上。全面实施有机肥替代化肥，坚持化肥零施用，实现固碳减排、生态循环，并获“全国首批生态低碳茶认证”。

3. 社会效益 建立“利益共享、风险共担”和“收购保护价”的利益保障机制，带动农民就业 10 000 人次以上。农场作为安徽农业大学、河南农业大学、江西农业大学、浙江省农艺师学院、浙江省茶叶学院的实训基地，也为众多茶企、茶农提供技术示范、学习交流平台，年培训学员 1 000 人以上，在培养新一代茶人、普及茶知识、传播茶文化、促进茶产业发展、助农增收等方面发挥积极作用。

滁州金弘安米业有限公司

一、基本情况

滁州金弘安米业有限公司成立于2003年，注册资金4 180万元，位于来安县汊河经济开发区，是一家致力于优质粮食生产、加工、销售的龙头企业。目前，农场流转和托管土地5 800亩，标准化粮食生产基地4 930亩，生态用地870亩。其中种植水稻3 601亩，有机水稻1 329亩（稻田养鸭），冬季轮茬作物优质小麦2 000多亩，其余2 000多亩种植绿肥或作为冬闲田休耕养地。农场空间布局合理，东为有机稻米生产核心区，西为绿色食品水稻-油菜生产区，南为优质稻-小麦生产区，北为设施农业示范区，并建有大型育秧工厂1个。

农场与多家科研院所进行产学研合作。2023年，与安徽省农业科学院水稻研究所合作“香型水稻新品种研发及绿色种植技术创新”项目。与滁州市农业科学研究院开展“滁州市小麦高产高效、绿色栽培技术及品种筛选试验示范”“优质油菜绿色高质高效生产技术示范”“优质节水抗旱稻新品种筛选及机械化高效生产技术示范”等项目合作。与来安县农技推广中心合作“精耕细作示范点水稻（再生稻）示范种植”项目。

农场规划示意图

二、经营理念

农场坚持“绿色、高效、低碳、环保、可持续”的农业发展理念，走生态农场发展之路。抓好农业生产，同时保护生态环境，大幅度降低农药、化肥等投入品用量，坚持走种养结合的循环农业发展新路，打造有机水稻和绿色水稻品牌，加强一二三产业融合发展，提高农业综合效益。农场以绿色、生态、安全的经营发展理念为指引，以市场为核心，以诚信为根本，以质量求生存，以创新求发展，让农业更绿色，让食品更安全，让百姓更健康。

三、做法模式

通过规模化和标准化有机稻种植、稻鸭共育和稻田养虾，推进以水稻种植为主导的全产业链发展。

1. 节约资源，循环利用 有机稻示范区，前茬种植紫云英绿肥，打造“一田双收”的稻鸭共作循环发展模式。稻鸭共生期间，稻田里的虫、草可作为鸭饲料，稻谷收获后的瘪稻谷和大米加工后的糠皮也可作为鸭饲料，节约饲料投入，实现节肥、节药、节人工的绿色发展“稻”路。

种植紫云英

稻鸭共作

2. 实施节水、节肥、节药措施 高效水稻种植区，每隔 50 亩安装一个智能化肥水控制系统，监测土壤墒情，适时开阀灌溉。推广全生物降解地膜覆盖再生稻，每亩节肥 20%、节水 10%，且增产幅度达 30%以上。全面推广测土配方施肥技术，集成推广机械深施、叶面喷施等科学技术措施，肥料利用率提高 3%以上。推广无人机喷洒农药和病虫草害绿色防控技术。每 30 亩安装一个杀虫灯，节省农药 20%。

3. 秸秆资源化利用 农作物秸秆实施机械化粉碎全量还田，实现废弃物资源化再利用。运用大功率带粉碎装置的收割机、旋耕机开展秸秆还田，推广秸秆粉碎全量还田，秸秆利用率达到 100%。

4. 机械化育秧 推行水稻工厂化育秧、插秧技术，每年节约秧床面积 316 亩，（每亩水稻常规育秧面积 0.05 亩，工厂化育秧只需 0.01 亩，节地 0.04 亩，节地 80%）。机插秧比人工插秧快 31.25 倍，每亩节约用工 1.21 个（人工插秧每亩用工 1.25 个，而机插秧只需要 0.04 个），4 930 亩水稻可节约插秧用工 5 900 多个。

水稻工厂化育秧

5. 改善生态环境 农场安装太阳能灭虫灯5 800亩，性诱防控示范片1 000多亩。大力推广稻鸭（虾）共生、病虫草害绿色防控、生物降解地膜覆盖再生稻技术，每亩节药20%，显著改善了生态环境。目前农场种植粮食作物、油料作物、水生作物、设施蔬菜，养殖鱼虾、麻鸭、白鹅等。2022年示范水稻品种40多个、引进油菜品种8个、小麦品种4个、设施蔬菜品种5个、苗木花卉品种10多个。

6. 实施高标准农田数字农业物联网项目 项目由智慧农业云平台、智慧云端数据处理系统、智慧农业监控系统、农产品安全溯源系统、农场秀系统、农场综合管理系统、智慧灌溉系统、信息采集集成系统、智能控制系统、农业气象监测集成系统、视频监控系统、病虫害预警防治系统、高标准农田智慧管理平台等一体化综合管理及应用系统软件组成。

智慧农业云平台

通过以上设计环境监测系统的应用，可实时监控土壤墒情，根据实际生长中的水分需求进行灌溉调节；实时监测土壤肥力，把控种植土壤肥力养分状况；实时监测土壤重金属，把控土壤重金属面源污染状况，对后期作物生长和农产品安全溯源提供支撑及保障；实时监测灌溉水质，了解灌溉水源面源污染状况。应用视频监控系统，实时监控作物生长状况及病虫害状况。病虫害系统中智能虫情测报灯及太阳能杀虫灯的应用为种植全过程病害发生及预防杀虫和预警处理提供保障。智慧农业云平台系统的应用将物联网技术导入农业生产领域，以传统农产品生产环节为切入点，向“农资-生产-管理-加工-流通-销售”农业产业链纵深扩展，从源头上实现生产智能化、精准化，推动农产品生产“安全、高质、绿色、生态、标准化、规模化”。用户及管理人员可通过手机、计算机等终端，实时掌握种植环境信息，及时获取异常报警信息及环境预警信息，并根据环境监测结果，实时调整控制设备，实现作物科学种植与管理，达到节能降耗、绿色环保、增产增收的目标。

四、综合效益

1. 经济效益 农场年收入 926.5 万元，净利润 202 万元。稻鸭共作节肥 40%，节药 60%，每亩增收 460 元，增收 59.6 万元。稻米售价提高 3～4 倍，鸭子售价高出市场价格 1/3 以上。稻鸭共作既产出优良有机稻米，又产出优质鸭肉，实现了双赢。

2. 生态效益 农场秉承生态农场发展理念，促进农业生产与农田生态环境协调发展，稻鸭共作模式大大提高了种植和养殖废弃物循环利用率，减轻了农田面源污染，不断优化农场生态环境。

3. 社会效益 采取“公司＋合作社＋农民”的方式，与农户建立长期稳定的利益联结关系，将农户转变为农场工人，流转土地经费和工资性收入双加持，保证了农户收益，同时通过示范带动周边农户共同致富。

福建漳平鸿鼎农场开发有限公司

一、基本情况

福建漳平鸿鼎农场开发有限公司成立于2006年，位于漳平市永福镇李庄村。2004年引种台湾青心乌龙，共流转林地2 350亩，建成标准化生态茶园2 115亩，生态用地235亩，整合两岸茶产业优势，建成现代化高山乌龙茶加工厂。农场的乌龙茶产品已被认定为绿色食品A级产品，获得绿色食品证书、良好农业规范（GAP）认证证书。

生态茶园

二、经营理念

农场始终践行"绿水青山就是金山银山"的绿色发展理念，围绕共同致富目标，将绿色、生态、观光、旅游等元素融入农业生产，实现一二三产业融合发展，以低碳化、循环化改造为重点，创建两岸农业深度融合示范园，全力打造海峡两岸高优精致农业样板。农场注重绿色生态农业发展，秉承"拥有土地就拥有责任"的理念，坚持精细化的茶园管理、标准化的茶厂建设、规范化的质量管控，并建立茶园管理可追溯体系，将生态农业技术、现代先进设备和绿色低碳理念引入生产实践，实现病虫害防治绿色化，取得良好的生态效益。

三、做法模式

1. 资源方面

（1）节水。 茶园采用等高梯田种植技术及智能灌溉控制系统，实施高效节水喷灌，节水的同时节约劳动成本。

（2）节肥。 工作人员用鲜黄豆磨成豆浆，加生物益菌和红糖发酵稀释后再进行茶树根部浇灌，不仅节省肥料，茶叶质量、香气也有明显提升。全面施用有机肥，能够保持土壤肥力、改善土壤结构、提高茶叶产量和品质，促进茶叶高产稳产。

（3）节药。 通过扦插粘虫黄板、布置防虫灯、人工除草等综合措施，防治病虫害，减少农药用量，助力茶叶提质增效。

豆浆液态有机肥的制作与施用

粘虫黄板、防虫灯

2. 环境方面

(1) 科学选址。农场所在区域山水林密、云遮雾绕、空气湿润、周边10千米内无工业、化学、垃圾处理厂等污染源。

(2) 保护环境。按照“一控两减三基本”的要求，突出节水、减肥、减药和农业废弃物综合利用，减少农业面源污染，建设区域生态循环茶园。

(3) 废弃物回收。农场建立了农业生产废弃物回收处理机制，规范处置农业固体废物，回收率达100%；科学利用农业生产废弃物，推广农作物秸秆、茶叶加工的下脚料用作还田肥料。

肥料包装、生活垃圾回收

3. 生态方面 全面贯彻“预防为主、综合防治”的植保方针，采取以农业防治为基础、以生物防治为主、以化学防治为辅的综合防治措施，实现病虫害防治绿色化。预测预报方面，在基地建立主要茶树病虫害预测预报制度。农业防治方面，采取合理密植、合理施肥、及时采摘、合理修剪、勤除草、及时深埋、秋冬深耕、冬季清园等措施。物理防治方面，采取人工捕杀和摘除虫、卵，放置防虫灯、黄板（每亩20片以上）等措施。生物防治方面，保护和利用草蛉、瓢虫和寄生蜂等天敌昆虫，以及蜘蛛和鸟类等有益生物，减少人为因素对天敌的伤害。化学防治方面，适当喷施绿色食品生产允许使用的农药清单中的农药。水土保持方面，采用等高种植、梯田种植，利用山坡植被保持水土。固碳减排方面，种植大量油菜等绿肥植物，有效提高土地肥力、提高作物产量、改善产品品质，达到显著的减排固碳效果。

4. 技术装备方面 2017年，农场打造了智慧茶园，园区内可视化管理系统、农业物联网、农业电子商务、农业公共信息服务全覆盖，实现生产智能化、经营网络化、管理高效化和服务便捷化。

5. 管理方面 农场严格实行“一品一码”可追溯管理，源头赋码。落实食品安全生产管理、农产品质量安全可追溯和“一品一码”等有关制度，农场主动纳入福建省“一品一码”追溯管理系统，建立健全生产记录档案，对每批茶青的来源、生产批次、茶叶产品进行完整记录，实现产品信息化全程可追溯。建立健全了生产管理制度，制定了生态茶园管理标准和有机茶园管理标准，建立了规范的生产流程、严格的质量控制与检测机制，确保茶叶生产过程中产品质量符合标准。

茶园视频监控系统

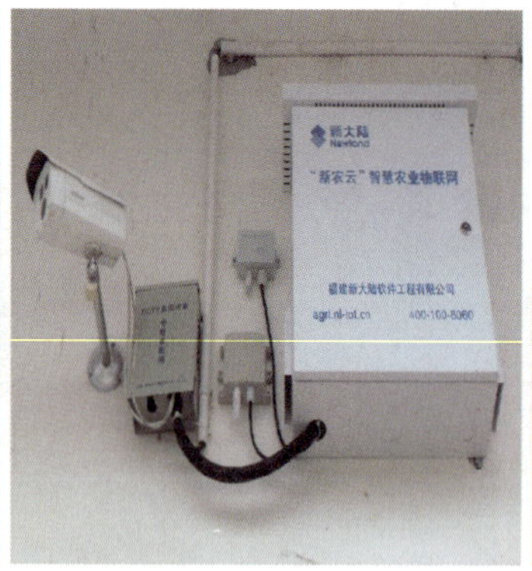

生产车间视频监控及环境信息采集

茶山环境传感器系统

茶园智能监控系统

四、综合效益

1. **经济效益** 农场年综合成本为600～800元/亩，采用等高种植、梯田种植及智能灌溉控制系统，实施高效节水喷灌，提高水资源利用效率，降低灌溉用水量，增加作物产量，改善环境，在干旱、倒春寒等极端天气下也能够增产增收。采用高效节水喷灌技术，年节水20吨/亩，同时节约劳动成本100元/亩以上。采用绿色防控措施，每亩节省用工用药成本100元以上，茶鲜叶价值增加400元以上。辐射带动周边茶园购置应用病虫害绿色防控产品，形成广阔的辐射区，综合评估辐射区每亩经济效益增加100元以上。

2. **生态效益** 种植大量苕子草等绿肥植物，降低人工除草成本，采用配方施肥，提升茶园水土质量，土壤有机质提升0.6%，每年减少20%氮肥用量（约15吨）。采用豆浆浇灌技术，不仅节省肥料，还有利于提升茶叶质量和香气，提升产品竞争力。采用人工捕杀和摘除虫、卵，放置防虫灯、黄板等物理措施，农药施用量减少20%。

3. **社会效益** 农场通过标准化茶厂建设、规范化质量管控、生态农业技术应用，将现代先进设备和绿色低碳理念引入生产实践。直接带动周边农户务工1 000多人次，每年为农户提供工作收入600多万元，实现增产增收，同时带动地方农业产业优化升级。

武夷星茶业有限公司

一、基本情况

武夷星茶业有限公司成立于2001年，注册资金10 900万元，是集茶繁育种植、生产加工、经营销售、科学研究及茶旅观光、文创开发、文化传播于一体的农业产业化国家重点龙头企业和国家高新技术企业。农场位于武夷山市黄柏村，面积1 249亩，土壤pH为5.1，有机质含量平均为5.05%，植被丰富，生态多样性水平高。农场设计融入生态化理念，构建“林-果-花-茶-草”生态复合型的立体式茶园系统，在生态茶园较高位置种植防风林，道路两边种植行道树、遮阳树，零星边角种植花草和绿肥。茶园顶部种植以常绿树种为主，四周空缺地种植以落叶树种为主，园间零星边角种植以灌木型花木类为主，如山茶花、茶花、月季花等。茶园梯壁种植爬地兰、黄花菜等护坡植物；陡坡、沟边及茶园间作套种大豆、油菜花等绿肥和嫩草，截至目前茶园累计种植各类树木花卉30 000余棵。茶园茶厂通过了良好农业规范（GAP）认证、国外有机产品认证并获准使用地理标志产品专用标志。

农场鸟瞰图

二、经营理念

茶叶生产和茶园管理历来受气候变化、病虫害的影响和挑战，同时随着经济市场的变化和发展，劳动力短缺和成本不断提高。农场位于武夷山间，自然条件优越，适宜茶树生长，秉承“一心做好茶”的核心价值，“诚信、创新、感恩”的经营理念，以“弘扬茶为国饮，倡导健康生活”为使命，坚持生态有机原则，坚持原产地原则，通过科学管理和技术创新，提高茶叶产量和品质，降低生产成本，实现可持续发展，最终提高经济效益。

三、做法模式

1. 打造丰富的农场空间布局 农场将“林-果-花-茶-草”立体复合生态农场引入农场设计中，以营造一个自然协调的立体体系。目前，农场内已栽种了超过 30 000 株的树木、花卉，农场内引进或本地培育的植物品种繁多，包括能给农场增添颜色的品种、专门用来改良土壤的草本植物等，通过植物的多样性配置，达到人与自然和谐共生的期望以及丰富农场生态系统的目的。通过构建“林-果-花-茶-草”立体农业，可形成较为完整的害虫天敌生物群落体系，从而保证农场生态平衡，为体系内生物提供适宜的生存环境，同时增强农场生态环境抗逆性、防止土壤侵蚀，培肥地力，减少碳排放。复合体系能进一步提高土壤植被层微生态活性以及茶树根系对矿质元素的吸收能力，促进茶树氮素的生物合成，促进茶树叶片质地变软、持嫩，从而提高茶树的品质。

2. 应用先进设备 农场建成了一套先进的水肥一体化喷灌节水设备，精确控制灌溉量、施肥量，降低化肥用量，并通过修建排水沟、水库，实现对水资源的有效利用与保护。同时加强农场的天然生态调节功能，节约用水，减少环境污染，改善农场微环境，提高茶叶质量和经济效益。

农场构建了“智慧园区”，利用农场内布设的温湿度、土壤湿度、二氧化碳浓度、图像等多种传感器，结合无线通信网络，开展土壤、气象、环境等影响茶树的关键要素监测及预测。通过相对应的传感器进行病虫害智能预警、智能分析决策、种植模式共享、品种改良、植保预报，以及专家在线引导，为生态农业的构建与生产提供精准化种植、可视化管理、智能决策服务。

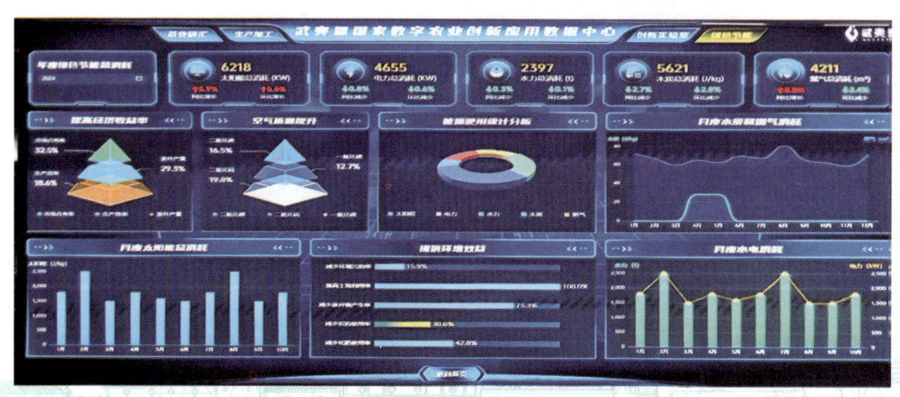

智慧园区平台

为应对常年频发的病虫害，农场布设了虫情信息自动收集与分析、孢子信息自动捕获培养、远程微气候信息收集、病虫害远程监控、害虫性诱智能测报、土壤墒情监测等设备，并对多年积累的土壤温度、含水率、环境温度、湿度、风力、风向、降水量、空气质量等环境参数进行自动分析，达到对病虫害的实时预警。当实时监控数据与模型预期不符或者可预见的模型预测错误时，该系统可及时提醒工作人员并提供预演方案以及可能有效的对策，再配合人工能够达到对茶树进行远程监控和诊断的目的，为茶产业生产提供智能化、自动化的示范管理决策。

虫情监测

以农场的基础环境因子为研究对象，以物联网为核心技术，结合无线传输信息技术，总结出一套适合茶树生长的生态系统标准，实现土壤养分状态的实时采集与监控。利用气象、环境监测等手段，实现对茶树生长环境信息的实时采集与监控，加强农业生产经营信息化。

3. 高效利用资源 以有机肥、菜籽饼肥为主要原料，以大豆、油菜、茶肥1号、紫云英、白三叶等间作绿肥，既补充蛋白、纤维素，又提高土壤有机质。农场积极探索并推行“有机肥＋生物菌肥”的施肥模式，达到节肥改土、丰富土壤物质循环结构，提高茶叶品质的效果。此外，将茶叶、茶梗和茶片等废弃物回收铺设到茶园里，有助于维护茶树根系的生态系统平衡，茶叶废弃物得到充分资源化利用。

施用有机肥

4. 采用绿色防控技术 农场遵循有机茶生产标准，采取绿色防控技术来防治病虫害。病虫害频发时期，农场利用对天敌无害的物理诱杀技术，如天敌友好型LED杀虫灯和粘虫黄板及性诱剂等高效且精确的诱捕技术来控制病虫害。此外，适时喷施植物源农药和生物源农药以有效控制害虫数量。

绿色防控

四、综合效益

1. **经济效益** 采用可持续生产模式和管理方法，提高长期经济效益，包括节约成本、提高市场竞争力，同时提高产量和质量。农场产品初制优率提升21.67%，年销售收入平均增长7.75%，固定资产平均增长8.4%，实现税收平均增长19.97%。

2. **生态效益** 农场为本地动植物创造了栖息地，保护了生物多样性和生态系统完整性。农场积极改良土壤，有效提高了土壤有机质含量。农场采用物理防治、生物防治等综合绿色防控技术，以虫治虫，改善了生态环境，提高了茶叶品质和产量，保证了高标准生产和可持续发展。

3. **社会效益** 农场积极探索帮扶模式，采取“公司＋农场＋合作社＋农户”形式，开展技术服务和培训，定期指派专业技术人员下乡为农户免费提供技术指导，传授技术知识，辐射带动周边农户发展生态茶园。2022年以来，每年为福建省内中小微茶企提供近2 000批次的检测服务，帮助其进行产品质量监控。与政府及高校联合举办12次培训，培训达4 000余人次，带动农户2 000余户。通过打造高标准生态与智慧茶园，创新技术模式，兼顾统筹茶产业、茶科技和茶文化，在实现茶园增收的基础上，改善了茶园和茶厂面貌，进一步促进了茶产业融合发展，推动茶产业成为当地乡村振兴的支柱产业。

山东利和生态农业开发有限公司

一、基本情况

山东利和生态农业开发有限公司成立于2016年，注册资金1 000万元，位于济南市莱芜区长安村。农场占地总面积210亩，生态用地面积30亩，总资产5 000多万元，是以绿色果蔬种植为基础，融采摘休闲娱乐、农耕文化体验、科普教育示范、劳动研学实践于一体的综合性生态园区。农场建有果蔬种植区、农耕机具展示区、劳动研学实践区、休闲采摘体验区，以及生态走廊、四季绿坪、景观湖等。种植区由水果种植及蔬菜种植两部分组成。现种植番茄、芹菜、韭菜、草莓、葡萄、甜瓜、猕猴桃等果蔬20余种，其中13种果蔬通过国家“绿色食品”认证，年产各类新鲜绿色果蔬32万千克，成为济南市菜篮子保供园区。

农场鸟瞰图

二、经营理念

农场遵循自然法则，始终坚持绿色发展，构建稳定可持续的生态系统，以绿色果蔬种植为基础，融采摘、休闲娱乐、农耕文化体验、科普教育示范、劳动研学实践于一体，推进综合性绿色生态园建设，打造“绿色、安全、生态”的主题形象，建立利和庄园品牌，使经济效益和生态效益双丰收。在农场建设和果蔬种植过程中，坚持物质循环利用，保持生物多样性，走资源节约、环境友好的路子，建设美丽田园。铸就绿色品质，通过绿色食品标准化种植，引入数字化智能管理，推进品种培优、品质提升，从源头起步，为消费者筑牢餐桌安全的坚强屏障。打造诚信品牌，以生态优先、品质保障为前提，通过科普教育示范、采摘、休闲娱乐、技术指导培训等多种方式促进现场体验、现场观摩，使利和庄园品牌形象逐渐深入人心。

三、做法模式

1. 废弃物综合利用 立足废弃物综合利用，带动周边基地、各村生态产业发展，形成各自生态特色和优势，将废旧农膜、农药包装和肥料包装等废弃物全部回收并交由第三方进行无害化处置或再加工利用。对于秸秆、尾菜、烂果的循环利用，将修剪的果树枝条、瓜果花、收获后的根茎、玉米秸秆等，通过精细粉碎后，旋耕深翻入土，或发酵堆沤形成有机肥。对生产剩余尾菜、残次水果，以红糖作为微生物菌群的培养基，通过微生物有机质培育技术，形成酵素或复合微生物菌肥。

秸秆粉碎、秸秆还田

2. 资源节约，投入品减量 农场应用水肥一体化技术，节水节肥。结合微滴灌水肥一体化技术，配套新型高效水溶肥，以水肥精准调控技术模式，促进节肥节水。28个设施大棚，全面应用水肥一体化技术，节约水资源，提升肥料利用效率。与未曾安装水肥一体化系统时比较，减少30%的肥料用量和50%以上的用水量。

水肥一体化

农场采用测土配方施肥，推进有机肥替代化肥，保持土壤有机质含量，达到减肥增效的目的。有机肥用量达到100余吨/年，果蔬种植的底肥全部使用发酵羊粪有机肥和腐熟大豆渗。大豆渗在沤制腐熟过程中，加入枯草芽孢杆菌等生物菌剂，增加有益菌群，提高肥料利用率。施用发酵羊粪肥、腐熟大豆渗等农家肥可以增加土壤有机质含量，科学施肥，定期检验土壤肥力，合理轮作，提高土壤肥力，从而减少病原、虫源在土壤中的积累，减轻土传病害。

3. 生态保育，病虫草害绿色防控 采用生物防治、物理防控、生态平衡“三位一体”的绿色防控技术体系防治病虫草害。园区为保持生物多样性，在选用药剂方面优先选择针对性强、安全间隔期短的生物农药，如矿物油、苦参碱等。生态用地合理种植蜜源植物等吸引天敌，增加自然界害虫天敌种群数量，提高天敌对害虫种群的制约，以此来达到以虫治虫的目的，如用丽蚜小蜂防治白粉虱、瓢虫防治蚜虫等。农场配置杀虫灯、粘虫板、性诱器等，种植区配防虫网、防草布，禁用除草剂，全部采取人工除草方式。

绿色防控技术

4. 智慧农业云平台应用，节省劳力 农场果蔬种植被纳入数字化云平台，通过物联网、人工智能等现代农业技术应用，实现了全程数字监管，设备远端操作。通过生态感知终端设备，24 小时全天候实时采集温度、湿度、EC 值、光照度等环境数据、土壤数据，进行实时监测分析，通过智能预警系统，推送及时、准确、科学的数据预警报告。平台融合水肥一体化技术，实现了精细灌溉、施肥。云平台接入各个设施大棚内的传感器、水肥控制泵阀等设备，远端智能操控，替代了原来人工逐一线下检测、操作方式，大大地提高了农业生产管理效能，节省人力 80%以上。

智慧农业云平台

5. 棚内机耕农艺技术应用，节省耕地 探索设施农业与农机农艺相融合的栽培模式，农场内建有 2 730 平方米的玻璃大棚 1 座、保温大棚 23 座、大拱棚 4 座，配套起垄机、开沟机、旋耕机、回填机、粉碎机等各类农业机械设备 10 余套。机械设备耕作，实现棚内旋耕、深翻、起垄，以及播种、采收等操作。番茄与甜瓜、西瓜进行轮作，葡萄与叶菜套作，多种叶菜间作，充分应用各类果蔬对光照需求不同、收种季节不同等特性，以轮作、间作、套作模式，既充分利用土地，作物之间又相互促进生长。设施栽培，配套机耕农艺技术和多种耕作模式，提高工效、精耕细作，极大提升亩均产出率，节约了耕地。

6. 建立产品质量追溯系统，追"耕"溯源 "追耕"，即充分利用现代自媒体吸引顾客，建立果蔬从种到收的直播，吸引粉丝关注利和庄园的生态产业模式，把购买意向提前到"种"的阶段，挂号认领，随时追踪果蔬的耕作和成长。到"收"的阶段，可以线下配送，也可以自行到庄园采摘。"溯源"，即对肥料、农药的购买和使用，以及对农事操作进行详细记录，建立完整的生产记录，生产记录保存 5 年以上。溯源系统采用文字、图片、视频、二维码等方式，展现产品生产过程信息，可以查询到蔬菜水果的田间管理、采摘、运输等各细化环节的详细信息。

7. 优化经营模式，建立合作机制 经过多年来的经营探索，形成"庄园生态示范＋产业化联合体＋基地＋农户"的经营模式。农场联合优丰利果蔬、隆运蔬菜等 10 余家专业合作社、家庭农场形成果蔬农业产业化联合体，向联合体范围内的广大农户，免费提供优良种苗和有机肥，提供技术指导和服务，按照统一流程进行种植管理。联合体以订单形式，与广大果蔬农户签订种植协议，在"利和庄园-联合体-农户"之间，形成集种植、采摘、加工、销售、服务于一体的产业发展体系，构建相互衔接配套的产业链，完善利益联结机制，形成从单一购销到多元融合共享的发展格局，为绿色种植模式推广及带动农户增收致富奠定了坚实基础。

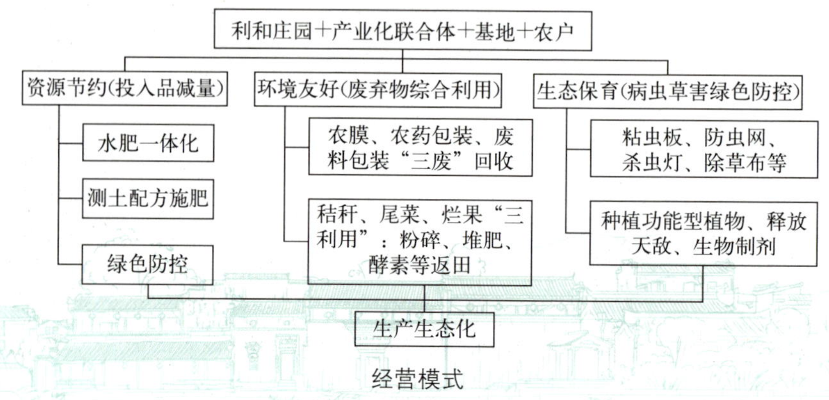

经营模式

四、综合效益

1. **经济效益** 农场年人工支出127余万元，种苗、肥料、农药等材料支出约65万元，生产设施建设维护、机具购置维护约55万元，水电油费用约16万元，土地租金约25万元。年产各类新鲜绿色果蔬32万千克，年销售额620万元，年利润达332万元。

2. **生态效益** 农场通过回收废旧农膜、农药和肥料废弃包装等，做到清洁生产，废旧农膜回收率达到90%以上，农药和肥料废弃包装回收率达到100%。通过秸秆、尾菜、烂果利用，有机废弃物资源化利用率达到90%以上。农场通过水肥一体化技术、智能农业云平台、棚内机耕农艺技术的综合应用，进一步达到节肥、节药、节水、节地、节劳效果。推进农旅融合发展，突出农耕文化，提升产品内涵和生态价值。

3. **社会效益** 积极打造利和庄园产业生态示范，带动周边各村产业发展，形成各自特色和优势，促进富余劳力在家门口就业。通过研学实践活动的开展、农耕文化的传播，为中小学生提供了劳动实践场所。邀请专家教授进行技术指导、开展农民田间课堂技能培训，培养了一批高素质农民。

华中地区

内乡县中以高效农业科技开发有限公司

一、基本情况

内乡县中以高效农业科技开发有限公司成立于2016年9月，注册资金9 000万元，位于河南省内乡县灌涨镇杨集村。农场占地面积3 652亩，其中51亩为建设用地。园区已经成功培育大小番茄、大小黄瓜、纸皮西瓜、水培生菜、羊角蜜、草莓等果蔬品种，通过不同类型的大棚种植，可实现产品长年供应。其中：番茄种植68亩，亩产5 000千克；大黄瓜种植664亩，亩产4 000千克；苦瓜种植506亩，亩产3 750千克；西瓜种植36亩，亩产4 000千克；甜瓜种植16亩，亩产3 750千克。

农场鸟瞰图

农场建成“一园三区五中心”。“一园”为中以科普园（占地45亩，用于培训科普教育），“三区”为以色列大棚核心种植区（占地140亩，采用以色列智能滴灌技术、无土栽培及水培技术）、猕猴桃种养循环示范区（占地200亩，施用牧原威斯特有机肥，种植新西兰G3、G9等品种）、冬暖式日光温室种植区（占地1 700亩，建设标准日光温室287个），“五中心”分别为游客中心、服务中心、展销中心、培训中心和科创中心。

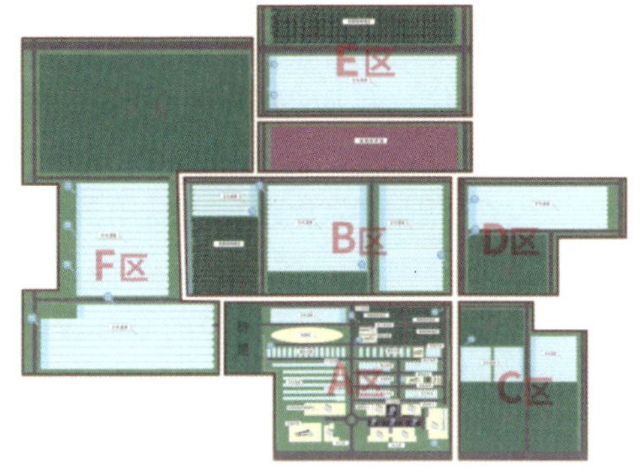

农场布局图

农场种植的水果、蔬菜

二、经营理念

为改善土壤变“瘦”、变“薄”、变“硬”等问题，保障国家粮食安全和重要农产品有效供给，调优、调高、调精农业产业，既保供给又保生态，既吃得饱又吃得好。农场推进品种培优、品质提升、品牌打造和标准化生产措施落地，不断提高农业质量效益和竞争力；充分发挥其资源节约、环境友好的功能，在源头上降低化肥、农药、地膜等化学投入品用量，在末端上高效回收利用农业农村废弃物，实现减污降碳协同增效，加快推进农业全面绿色转型升级。采用“政府＋企业＋基地＋农户＋市场”的合作模式，政府进行大棚投资，农场进行“十统一”管理，即统一流转、统一规划、统一建设、统一施肥、统一整地、统一起垄、统一供苗、统一定植、统一收获、统一销售。

三、做法模式

1. 有机肥替代化肥 通过将动物粪便收集、发酵后形成的有机肥代替化肥作为底肥施用，增加土壤有机质、改善土壤结构、提升土壤肥力，促使作物增产。高温天气可以起到杀菌、杀虫的作用。施用有机肥可减轻畜禽粪便及有机废弃物对环境的污染。同时还将树叶、作物秸秆及人畜粪污等有机废弃物，通过静态堆沤处理后科学还田利用。

2. 发展林下经济 农场通过猕猴桃地下养殖大鹅1 000只，有效发展林下经济，充分利用林下资源、提高土地利用效率，增加农林副产品种类和数量，提高单产、增加经济效益的同时进行生物防治，防止长草。

3. 采用智能化控制系统 农场通过智能化控制系统，根据作物在不同时期所需的营养进行自动化浇水、施肥、降温等，保证作物在最适宜的环境中成长，提高产品质量的同时，将生产废水浇灌猕猴桃地、林地、葡萄地等。

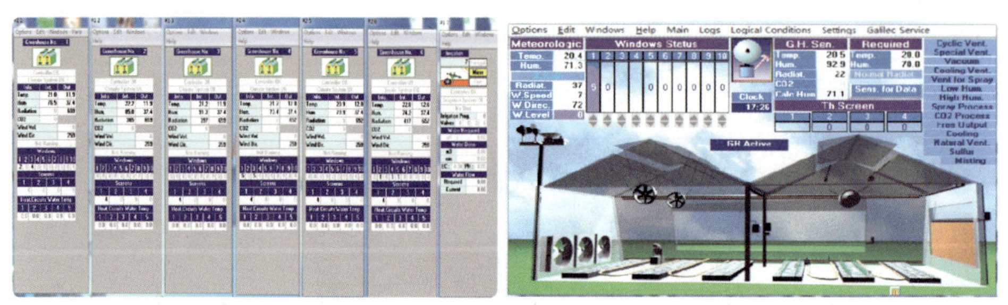

智能化控制系统

4. 应用绿色病虫害防控技术 农场通过灭蚊灯、黄板、进入棚内酒精消毒，AB门开启，以防病虫进入大棚，可有效减少农药用量，每亩节约用药成本 400 元。通过饲养鸡鸭等动物进行生物防治，生物防治便于就地生产、就地应用，能降低生产成本，增加农民收入，具有广阔的发展前景。

灭蚊灯、黄板

5. 节水、节电、节劳、节地 采用喷灌、滴灌技术，每亩地节水 40%～50%。采用智能控制技术，控温、控光、控水、控肥、控气，每亩仅需一人即可完成工作。采用立体栽培模式，有效节省土壤面积。采用遮阳网及水帘系统降低棚内温度，每天可节省电费 100 元。

立体栽培

6. 采用熊蜂授粉 农场通过熊蜂授粉提高授粉效率，熊蜂授粉坐果率可达 90%以上，而人工蘸花授粉却很难保证在最佳的时间进行授粉。熊蜂授粉可以使果实周正、大小均匀、质地坚实、口感好。试验结果表明，熊蜂授粉可使番茄畸形果率降低 10%，空心果率降低 20%，增产率达 15%左右，明显增加经济效益和社会效益。熊蜂授粉具有其自身优势，可以取代人工蘸花，避免人工操作造成的机械损伤，确保番茄的正常生长。在熊蜂授粉后可促使花瓣自然脱落，这样可有效预防灰霉病发生，减少农药施用量 30%以上。利用熊蜂授粉可以节约大量劳动力，节省用工成本。

7. 三产融合　乡村振兴依靠人才，而农民是乡村振兴的主体。农场采取“现场讲解＋实地观摩＋答疑解惑＋交流研讨”等形式开展高素质农民培训活动。参与者将学习内容认真整理、消化吸收，应用到实际生产经营之中，真正发挥乡村振兴带头人的作用。

四、综合效益

1. 经济效益　2023 年，采用“政府＋企业＋农户＋市场”的经营模式，农场销售额 2 200 万元，年利润 69 万元，2024 年销售额 3 200 万元，年利润 120 万元。

2. 生态效益　农场通过有机肥代替化肥的方法，使土壤物理性状有明显改善。通过深翻、使用双面地布、农机除草、开启 AB 门、布置灭蚊灯和黄板等防治方法，每亩可减少农药使用成本 400 元。

3. 社会效益　通过产业带动就业人数 1 300 人左右，年收入超过 20 000 元。流转土地 3 600 余亩，每亩年流转租金 1 100 元。定期通过现场指导、电话回访等方式对农户进行免费的技术指导与培训，向农户传授科学的种植方式，以期种出高品质蔬菜，促进农业增产、农民增收。

河南麦多生态农业科技有限公司

一、基本情况

河南麦多生态农业科技有限公司成立于2014年，注册资金1 000万元，位于河南省安阳市汤阴县五陵镇。农场占地560余亩，建有池容7 000立方米的沼气工程一座，配套沼液沼渣综合利用功能区。以沼气工程为纽带，实现园区及周边农业有机废弃物的资源化循环利用，形成了“公司＋基地”的运行模式，搭建了“互联网＋农业＋社群”的营销体系，农场产出的生态农产品得到了广大消费者的认可与支持。农场主要种植小麦120亩、玉米120亩、白菜130亩、西瓜150亩、番茄135亩，产量约190万千克。

通过多年探索，农场提出BOO生态循环农业模式，即沼气（biogas）、有机肥料（organic manure）、有机果蔬（organic food）相结合的生态循环农业模式，在农业生产过程中以三沼综合利用为纽带，将上一环节的废弃物转化成下一个环节的原材料进行生产，化害为利、变废为宝。探寻农牧业废弃物减量化、资源化、能源化利用产业发展模式，实现了农业生产内部循环，形成物质、能量多层次高效循环利用生产模式创新。农场正在走一条产出高效、产品安全、资源节约、环境友好的现代农业发展道路。

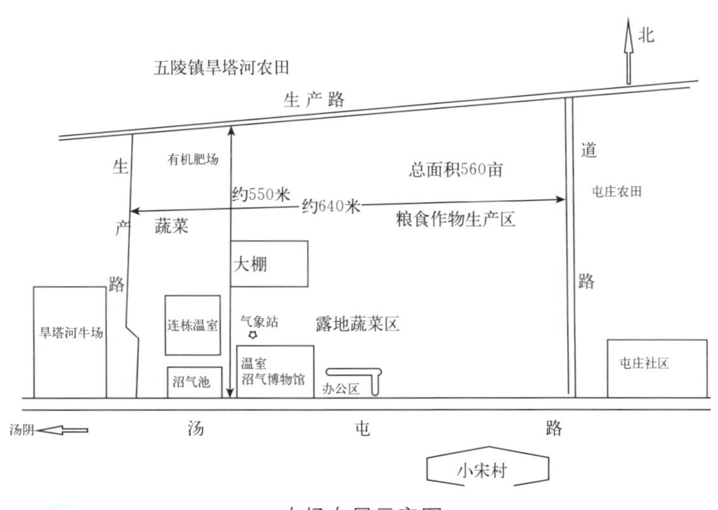

农场布局示意图

二、经营理念

农场以生态、循环、再生农业生产为理念，遵循环境友好，严格控制生产过程不对环境造成侵蚀、损害、污染等，以可持续发展永续利用为基本原则，致力于大田粮食及保护地果菜生产，为社会提供质优、安全的农业产品。农场以三沼综合利用为纽带，形成以粮（菜）-沼-粮（菜）为主干的循环生产模式，可以消解大量农村生活垃圾、农场及附近农牧业废弃物、农产品加工下脚料。整个过程零废弃物产生，实现农牧业废弃物减量化、资源化、能源化和产业化发展。每一个生产环节产物作为下一个生产过程原材料，循环利用，实现农业清洁生产及农业生产内部闭合循环。在生产过程中，通过长期探索，保护地蔬菜生产已经实现轻简化栽培。

三、做法模式

1. 废弃物资源化利用 农场沼气工程年处理农作物秸秆、畜禽粪污 1.3 万吨，年沼气产量约 120 万立方米，可替代 850 吨标煤，减排二氧化碳约 2 000 吨。所产沼气供应园区大棚取暖及日常生活用能，利用沼渣生产有机肥，年产 1.5 万吨，沼液通过沼肥一体化灌溉系统利用滴灌进行追肥，形成了以沼气工程为核心的 BOO 生态循环农业模式。沼液所含有机酸中的丁酸和植物生长激素中的赤霉素、吲哚乙酸以及维生素 B_{12} 等，能够破坏单细胞病菌的细胞膜和体内蛋白质，有效控制有害病菌的繁殖；沼液中的氨、铵盐和抗生素，能抑制和封闭红蜘蛛等害虫的呼吸系统，从而达到驱虫、杀虫和杀菌的作用。

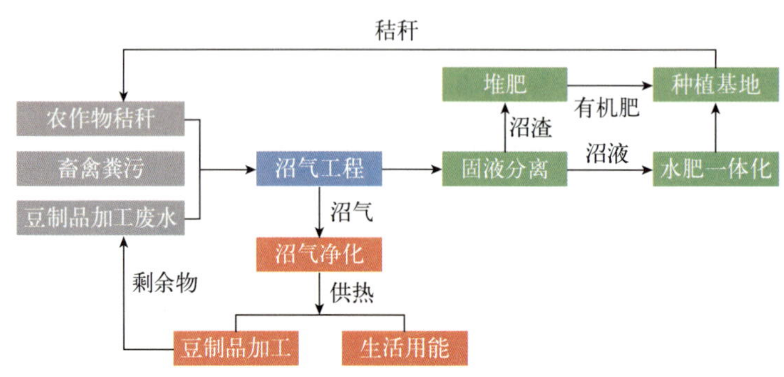

BOO 生态循环农业模式

2. 投入品减量化 通过生态农场建设，两年年均有机肥用量 3 000 吨，土壤有机质含量从 8.5 克/千克增加至 13.8 克/千克，亩均节约成本 600 元。通过种植蒲公英等蜜源植物建设生态廊道等方式，让食蚜蝇、草蛉、小花蝽等益虫“安家”，实现“以虫治虫”，从而减少农药的施用，大大减少因用药导致的农残问题。

3. 生产清洁化 通过 BOO 生态循环农业模式的实施，减少农药化肥投入，减少农业污染，实现农业生产清洁化。通过沼肥一体化灌溉系统，将水和肥料结合起来，将作物所需的肥料水直接输送到植物根部，大幅度提高肥料利用率。肥料用量减少 35%，灌溉用水量减少 15%～30%，每年每亩平均节水 15 吨，实现既节水又高产的目的。

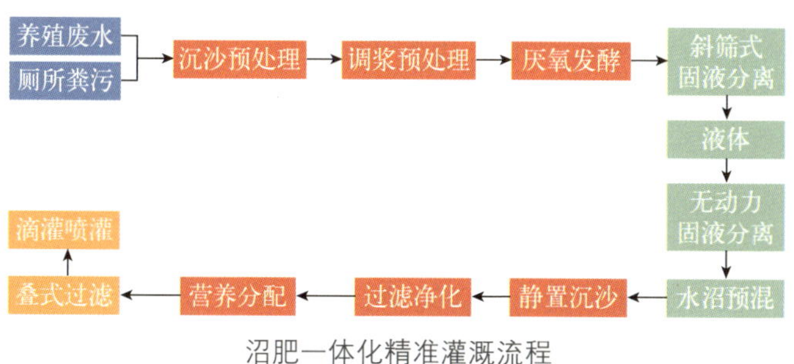

沼肥一体化精准灌溉流程

沼肥灌溉系统

4. 应用基质栽培模式 以沼渣为主要原料的栽培基质，配以枯草芽孢杆菌等微生物制剂，沼液滴灌进行基质栽培，该模式经过多年试验，不断改进，适合番茄、西甜瓜及多种蔬菜生长，架上无土栽培或地槽式无土栽培都可。不需要每年进行土地翻耕，节省田间管理和中耕费用，消除了土壤线虫危害和连作障碍。产量稳定，品质优良，受到消费者认可。

5. 三产融合 基于农场多年发展，春秋季会与旅行社合作开展“走进麦多生态农场、享健康生活”的旅游采摘活动，科普生态种植模式、品尝健康食材、发展乡村采摘旅游、增加农场收入，对于树立农产品品牌有较好的促进作用。开展环保研学有利于增强中小学生对环境保护的认识，教育其从日常生活做起，将环保落到实处。在学生中普及环保知识，呼吁更多人关注生活中的环保，起到宣传倡导的作用。通过自主、探索、观察，合作学习，查找资料，以知识竞赛手抄报、演讲比赛等形式让学生体验研究性学习的整个过程，激发学生对课外综合实践课程的兴趣。

四、综合效益

1. **经济效益** 农场通过提供栽培材料、种苗及全程技术指导，与农户风险共担，效益共享，共同开发市场，将模式创新与提质增效相结合，提高产品溢价，实现多重收益。西瓜产量提升15%，价格从10元/千克提高到16元/千克；番茄产量提升10%，价格从8元/千克提高到16元/千克；白菜产量提升5%，价格从1.2元/千克提高到7.6元/千克。

2. **生态效益** 农场生物多样性逐渐增强，通过种植蒲公英等蜜源植物建设生态廊道等方式，让食蚜蝇、草蛉、小花蝽等益虫们“安家”，实现“以虫治虫”，大大减少因用药导致的农残问题。

3. **社会效益** 农场作为安阳市高素质农民培训基地，建立了完善的培训结构体系，每年4 000余人观摩交流，向农业生产经营者传播生态农业发展理念，提供生态技术指导。

石首市四生粮食种植专业合作社

一、基本情况

石首市四生粮食种植专业合作社成立于2013年，注册资金228万元，位于石首市团山寺镇过脉岭村。农场是石首市金祥米业有限公司有机水稻种植和新产品试验基地，共流转土地1 099亩，现有员工40余人。其中，技术人员8人，含高级职称1人、中级职称和技术员7人。农场在秦克湖流域创新发展"鸭蛙香稻"生态种养模式，以"公司+合作社+农户"的产业发展模式，推进以种植、生产、加工、文旅为一体的一二三产业融合发展。

农场与当地政府联合打造了团山寺镇"鸭蛙稻小镇"，建成鸭蛙稻生态体验馆、古荡湖生态治理示范区、青少年户外拓展基地、六虎山生态园、生态采摘果园、白鹭岛国际文化交流中心等。农场建有石首市鸭蛙稻有机核心示范区，种植有机五彩水稻，带动鸭蛙稻种植示范区1.2万亩，规划发展区3万亩，利用五彩水稻生产有机紫稻酒、紫米糍粑等农副产品，年生产鸭蛙再生稻、五彩米4 800吨，销售麻鸭25 000只。此外，农场与华中农业大学、荆州市农业科学院组建了乡村振兴科技创新示范基地创新团队，重点围绕基地鸭蛙稻模式创新、技术推广应用、人才培养和成果转化提供支持服务。

农场分区图

2016年以来，农场组织承办了中国欠发达地区绿色发展国际研讨会、"全国农业生态环境保护乡村行"科普宣传活动等，与华中农业大学、湖北省农业科学院、荆州市农业科学院等院校签订产学研合作协议，与华中农业大学合作组建了院士专家工作站。

二、经营理念

农场经过多年努力探索，集成了一套鸭蛙香稻协同种养高效低碳生态循环修复技术。以生态有机农业产业发展为理念，以稻田生态修复为技术核心，推进鸭蛙稻特色稻米小镇建设，以“公司＋合作社＋农户”为发展路径，带动农业增产农民增收，实践证明这种生态修复技术在提高农作物产量、改善农作物品质、保护环境等方面具有明显优势。目前“鸭蛙香稻”与麋鹿、江豚齐名，成为石首生态环境保护的一张名片，成功打造了将“绿水青山”转化为“金山银山”的一个可复制可推广的绿色模式，走出了一条“以保护促发展，越保护越发展”的生态农业产业发展之路。

三、做法模式

1. 创新生态循环农业模式 农场以“鸭蛙稻”绿色种养模式为基础，通过对农田生态岛、生态长廊、生物链等的修复和重构以及“鸭-蛙-稻”共生模式的推广，实现肥药双减，同时坚持以自然恢复为主，人工修复为辅的方式，利用农田田埂、路、沟、塘、河、湖岸等生态用地，建设生态田埂、生态沟塘、生态廊道等，提升农田生态系统生物多样性，恢复田间生物栖息地生境，构建良好的农田自然生态系统。

2. 应用绿色生态技术

（1）实施水源保护。为响应“绿水青山就是金山银山”的环保理念，2016年以来，农场一直致力于保护和改善湖泊的生态环境，以实现可持续发展。通过杜绝投肥养鱼、加强沿湖污染源治理、持续监测水质等措施，使得秦克湖的生态环境得到显著改善，水质得到稳步提升，促进优质水资源的循环利用。

（2）创新生态养殖模式。在稻鸭共育生态技术上，创新五彩鸭蛙稻绿色生态种植模式。通过种植绿肥、施用有机肥，增加土壤有机质，改良土壤环境。水稻移栽一周后，将雏鸭放到田里，一般每亩地12～15只。以单元投放，鸭子在田间寻虫吃草，起到通风、活泥、保水、施肥的作用。水稻扬花抽穗时把鸭子收上来，再把青蛙放进去，让青蛙捕捉害虫。2022年建成鸭蛙香稻、稻鸭虾等生态模式示范基地50 000亩，示范区较普通水稻生产药肥“两减”70%、30%以上，节本增效达20%以上。

鸭蛙稻生态模式

鸭、青蛙在田间除草、除害虫

（3）建设生物岛。丰富植物垂直结构，打造田间、田内小微型生态岛，为微生物和其他生物提供附着基质和栖息场所，提升生态系统质量和稳定性，达到丰富生物物种、丰富和延长生物链、提升农田生态系统自我修复能力的目的。

生物岛与稻田鸭舍

（4）修复联通生物廊道。按农场动物生活习性，合理布置生物池、生物通道、生物栖息地、生态沟渠和生态道路等工程，修复和重建生态廊道，对堰塘、沟渠进行清杂。结合原有生物廊道和生物栖息地进行保护，构建无障碍的生物应急通道网络系统，为生物提供可栖息繁衍的生态空间，全力保护生物多样性。

（5）全面绿色防控。采用绿色防控措施，沤泡稻蔸，直接杀死二化螟等害虫越冬虫蛹；安装选择性光源杀虫灯，按水稻主要害虫生物节律开灯灭蛾，降低害虫发生基数；安装性诱捕器，利用性诱剂诱蛾降低雄蛾基数；投放生物导弹，利用赤眼蜂卵块＋病毒制剂攻击、感染害虫；田埂种植香根草等诱集植物杀灭害虫；应用酸性氧化电解水浸泡种子，提高秧苗抵抗力，酸性氧化电解水单用或配合杀菌剂叶面喷雾防控病害。这样就形成了一种生态互益组合，省工、省力、省投入，解决了杂草抗药性难题。

性诱捕器、诱虫灯

（6）提升地力。施用有机肥、缓释肥等。冬闲期间，紫云英与油菜种子套种，提升地力，减少化肥、农药的用量，有效改善土壤质量，节约种植成本，提升农业综合生产能力，为农业生产打下良好基础。根据《石首市农作物秸秆综合利用实施方案》，实施秸秆处理还田、秸秆综合利用肥料化、饲料化、原料化等模式，采取机械化粉碎秸秆直接还田，变废为宝提高资源化利用水平。通过自然肥力修复技术，用有机肥替代部分化肥，降低化肥用量，增加土壤有机质。

种植紫云英

（7）开展种质资源保护。农场积极开展产学研合作，在当地农技部门的支持下，开展特色、优质水稻品种的引进、试验、提纯复壮，开展地方种质资源保护。农场收集种植、自繁自育的优良水稻品种 15 个，主要有紫香稻、紫糯稻、血糯稻、御赐 1 号等。

3. 安装现代智慧农业装备

(1) 安装“四情”监测设备。以无线传感器、物联网、大数据及互联网等信息技术为基础，对每个监测点的病虫情况、作物成长情况、灾害情况、空气温湿度、土壤温度、光照度等各种作物成长过程中的重要参数进行实时监测、分析、决策。依托土壤墒情监测推广智能灌溉系统，做到科学用水，合理灌溉。通过虫情监测推广太阳能灭虫灯，减少农药用量，提升稻米品质。开展病情监测能在最佳时期进行防病作业，开展气情监测可以及时采取防雹增雨作业，最大限度降低自然灾害对农业生产的影响，既提高生产效率，也有效提升智慧农业建设和田间管理水平，切实打通夏管工作农业监测系统。

(2) 安装性诱监测系统。利用物联网技术实现智能化虫情监测，通过性诱物质吸引、监测和分析害虫的活动和数量，实时了解害虫情况，提高农业防治效果。

(3) 安装水循环检测系统。通过安装水循环检测系统可实时监测水源、管道、沟渠等水质情况，再通过水处理设备进行过滤、调节等处理，随时监测并及时改善水质、节约资源。

(4) 购置智慧农机。购置插秧机、旋耕机、无人机等农机设备，安装北斗定位系统，可实时定位，对工作进度进行系统化的检测和分析，提升工作效率。

4. 三产融合发展　以绿色生态的鸭蛙香稻为基本依托，实现了种植、生产、加工、农旅、电商、直营的一体化运营模式。目前农场种植生态鸭蛙香稻，其中有机认证鸭蛙稻水稻田种植面积 1 099 亩，产量为 200 千克/亩；成立了金祥米业有限公司，主要加工绿色有机米、紫米糍粑，现有大米加工生产设备 1 套，包装线 2 条，生产能力在 200 吨/天，年加工量在 7 万吨；成立了石首市五彩鸭蛙稻生态酒坊及湖北王之诰故里酒业有限公司，生产的有机紫稻酒获得有机产品认证。

农旅方面，先后举办了 5 届糍粑节、插秧节等独具风格的民俗特色农旅活动，不仅展示了民俗风情、弘扬了良好乡风、活跃了乡村经济，更是把当地的糍粑及产品打造成了展示石首全域旅游风景的一张亮丽名片。

5. 特色化管理

(1) 与社员的利益联结机制。农场与农户实行订单农业机制，为农户免费提供鸭苗、水稻种子、绿肥种子等，回收农户全部水稻，为农户增收 500 元/亩。

(2) 提供培训和技术支持。通过提供管理能力培训和技术实践指导，提高社员经营管理能力和专业技术水平。

(3) 农场管理机制。涉及财务、管理、执行、技术、研发每一个环节，都有相应管理机制，方便管理庞大的社员群体，更好地带动社员及农户增产增收。

四、综合效益

1. 经济效益 通过生态修复技术模式与一二三产业融合，以及从种植、生产、加工、深加工，到电商、直营店的运营模式，实现大米种、产、销一体化。2023 年产业规模达到 10 000 万元以上，示范区较普通水稻生产药肥“两减”70%、30%以上，节本增效达 20%以上。年生产鸭蛙再生稻、五彩米 4 800 吨，销售麻鸭 25 000 只，创收 1 130 万元，农户亩均增收 750 元，年人均收入近16 000元。指导石首市 12 个行政村、粮食专业合作社按照鸭蛙稻模式发展优质水稻订单式种植基地 36 018 亩，带动种植大户超过 600 户，全产业链亩均增收 500 元以上，全年增收超过 2 000 万元，带动农民就业近 200 人。

2. 生态效益

（1）面源污染进一步降低。农田生态系统修复工程通过秋冬季种植绿肥紫云英、施生物有机肥等措施，有效改善了农田土壤养分和肥力。研究表明，鸭蛙稻模式区域的化肥年用量较常规稻区减少约 46%，化肥利用率提高 10%，即项目区化肥年用量减少约 621 吨，化学农药用量减少 90%以上。对稻田杂草防除效果达到 92.1%，对二化螟、稻飞虱和水稻纹枯病防治效果分别为 91.4%、91.3%和 81.8%。鸭蛙稻模式不仅优化了系统内病虫害控制、平衡系统生态，同时还使田间天敌数量明显增多，土壤团粒结构稳定，农业面源污染有效降低。

（2）生物多样性进一步改善。在鸭蛙稻共生系统中，巧妙地利用鸭蛙为水稻除害、肥田、松土，显花诱集植物、赤眼蜂、青蛙、白鹭等增加，极大地提升了农田生物多样性，提高了农田抵御水土流失的能力，衍生生物链条，农田生态系统服务功能的可持续性进一步提升。

3. 社会效益 目前通过应用水稻田农业生态修复技术模式，带动了石首市发展鸭蛙稻绿色生态种植模式。2023 年通过“合作社＋公司＋农户＋产业发展”经营模式，226 户农户、合作社签订种植合同，面积 3 365 亩，增收 269 万元。带动农户 300 多户，平均每户每亩增收 800 元。预计 2024—2025 年，带动石首市建成 5 个鸭蛙稻种植基地，种植面积达到 50 000 亩。通过科技创新，传播生态农业理念，开展产学研合作，带动地方农业产业发展。

湖南白云湖生态茶业股份有限公司

一、基本情况

湖南白云湖生态茶业股份有限公司创建于2017年，注册资金1 100万元，位于湖南省邵阳市城步茅坪湘商产业园区，是一家集种植、加工、销售、科研、茶旅融合于一体的高新技术企业。农场自有标准茶园基地500亩，带动合作社种茶5 000亩，野生茶种植基地5 000亩，年生产能力达30吨。建成标准化厂房一座，面积1 500平方米，其中科研室200平方米、检验检疫室100平方米、仓库600平方米、试制工厂房600平方米。建设加工生产线一条，购置科研设备50台、检验检疫设备15台、加工设备18套等配套设施。农场与湖南农业大学、湖南省茶叶研究所签订产学研合作协议，并获得“湖南红茶”“邵阳红”公共品牌使用权，生产红茶、绿茶、代用茶等多种产品。

峒茶种植基地鸟瞰图

农场致力于城步古峒茶的开发与古树保护，2020年认养保护城步峒茶古树4 000余棵，先后注册了“五峒”“世界峒”“白云樵隐”“苗茶峒丹”“狮醒龙腾”“普峒同缘”等商标。2021年7月，城步峒茶产品正式取得有机认证。城步峒茶内含物丰富，氨基酸含量4.33%，茶多酚含量43.95%，非酯型儿茶素含量183.05～268.12毫克/克，酚氨比为7～9，发酵性能好，红茶香味浓郁、汤色明亮、回味醇厚甘甜。

二、经营理念

农场依托得天独厚的自然环境和城步峒茶悠久的茶文化历史，致力于生产高品质、原生态的峒茶产品。品牌定位上，农场注重传承与创新相结合，既保留传统茶文化的精髓，又融入现代科技与管理理念，打造兼具文化底蕴和现代品质的高端茶叶品牌。坚持"生态、循环、绿色、健康"的经营理念，投资2 000余万元，建成1 000平方米的峒茶科研园，150亩峒茶原生品系选育科研基地及峒茶无性繁殖育苗基地，并在白云湖建成500亩茶旅融合和生态循环农业示范园。采取"公司＋合作社＋农户"的生产经营模式，与农民专业合作社、农户签订合作协议，通过免费提供种苗和技术指导，规范管理茶叶生产过程，按协议保底价格优先收购农户的峒茶鲜叶，降低销售风险，提高农户种植积极性。

三、做法模式

1. 建立茶叶质量管理体系　农场成立茶叶质量安全管理部，制定相关管理制度，配备质量安全员3人。加强对投入品的使用跟踪监管服务，对茶园、茶青、茶叶成品进行抽样送检，实行生产、加工、储运、销售全过程跟踪监管。建立台账，如实记录生产经营全过程情况，对生态农场水环境、土壤环境、农产品质量等定期进行采样检测，对生态农场的投入产出效益、可持续发展能力、企业社会责任履行等定期进行综合分析，形成"生产有记录、信息能查询、产品可召回、责任必追究"的质量管理体系。

茶叶抽检

2. 应用绿色防控技术　深入推进化肥、农药使用量零增长行动，推广有机肥替代化肥、测土配方施肥。加强病虫害统防统治和全程绿色防控，坚持"预防为主，综合防治"原则，优先采用农业防控、生物防控、物理防控，科学开展综合防控。一方面，对杂草实施"养草灭草"措施，降低茶园杂草发生；另一方面，对茶园杂草采用人工除草，禁止使用任何除草剂，确保茶叶品质和环境友好。2022 年以来，农场共使用牛羊粪 2 300 吨。

实行“养草灭草”

3. 废弃物资源化利用 利用秸秆还田技术，改良土壤、培肥地力，实现废弃资源循环利用。充分利用茶园空闲土地种植油菜，坚持以循环利用为核心，油菜籽收获后，把油菜秸秆粉碎堆沤发酵后随土地翻耕埋入土壤，增强土壤肥力。套种大豆、玉米，利用大豆根瘤菌改良土壤结构，使茶园土质更加肥沃。

4. 科技装备应用 利用城步峒茶种质资源普查数据，对峒茶古树基地汀坪乡进行拍摄和卫星扫描及定位，了解资源分布及建立资源库，同时在城步峒茶古树原生境内建设了溯源系统远程监控设施和观测站；积极引入智能化技术，有效提升了农场管理效率。通过智能物联网系统，农场实现了对茶叶生长环境的实时监测与调控。同时，利用大数据分析技术，精准把握市场动态，优化种植与销售策略。此外，农场引入智能农机设备，实现自动化作业，减轻劳动强度，提高生产效率。智能化技术的运用，为农场可持续发展注入了强大动力。

5. 制订技术规范 根据《生态农场评价技术规范》，结合生态农场实际，制订了《城步峒茶生态种植规程》、《城步峒茶生产废弃物综合利用方案》和《茶树基质苗覆膜栽培技术规程》，并建立生态农场质量管理体系和追溯体系。

四、综合效益

1. 经济效益 2021 年农场年收入 800 万元，净利润 128.8 万元；2022 年农场年收入 1 000 万元，净利润 161 万元；2023 年农场年收入 1 650 万元，净利润 300 万元。

2. 生态效益 农场采用生物防治、施用有机肥等方式，减少化学农药和化肥用量，改良土壤性状，增加土壤有机质含量，提高土壤保水保肥能力，提高农作物产量和品质，实现经济效益与生态效益的双赢。农场通过科学规划，合理布局茶树种植区、生态养殖区和休闲观光区，实现生态资源优化配置。

3. 社会效益 采取“公司＋基地＋合作社＋农户”的生产经营模式，成立峒茶产业化联合体，成员 800 户。近 3 年共收购茶叶鲜叶 10 万千克，为农户增加收入近 300 万元。通过龙头企业、合作社等经营主体将分散的种植户联系起来，形成规模优势，将种植、生产、销售连接成一个有机整体。在全县适宜区发展城步峒茶种植，向白云湖周边的白云湖村、龙凤冲村等峒茶试验区和峒茶苗圃基地免费提供峒茶种子 7 037.5 千克，免费发放峒茶苗 191 820 株，直接带动 2 000 人就地就业，人均增收 1 500 元。

华南地区

广东茗皇茶业有限公司

一、基本情况

农场鸟瞰图

广东茗皇茶业有限公司成立于2001年，注册资金10 138.9万元，位于广东省廉江市长山镇李屋村委坡头村黄毛草岭，是集名茶培育、种植、加工、销售于一体的国家高新技术企业。农场主要种植金萱茶、金玉茶、翠玉茶共870亩，年产300多千克；金花茶140亩，年产12千克。建有自主研发中心，工程试验用房200多平方米，研发实验室100多平方米，研发试验基地80多亩，拥有研发设备86台（套）。农场遵循严格的有机种植管理标准，充分发挥富含多种微量元素土壤的优势，营造了基地以虫控虫的仿原生态环境，全程实行有机种植管理，产品做到零农药、零化肥、零添加。秉承发展生态有机、健康茶的宗旨，采取“公司＋基地＋农户＋标准”以茗皇茶优质茶叶示范基地作示范，以标准化、产业化模式带动茶农实现了增收致富。

二、经营理念

采取“公司＋基地＋农户＋标准”的产业化模式，大力发展有机茶和生态茶种植。以茶为媒，以科技赋能茶产业升级，以数字赋能产品营销升级，积极深挖少数民族茶文化、俚僚文化、客家文化和红色文化资源。将茶产业发展与茶叶加工、茶园观光、采茶制茶体验、茶文化等有机结合，建成集种茶、采茶、制茶、品茶、茶艺、体验、旅游、茶文化交流研究于一体的茶旅融合现代休闲农业产业园，建成具有自身茶文化特色的民族茶乡。从而实现以茶兴旅、以旅促茶的目标，不断延伸茶产业链条，全力推动一二三产业融合发展，促进区域经济发展，保护生态环境，促进生态文明建设。

三、做法模式

农场周边数十千米范围内无废水、废气、废液污染，土壤中含多种微量元素，适宜种植茶树。依托得天独厚的资源条件，营造基地以虫控虫的仿原生态环境，制定提前采摘茶青和冬季茶树矮割的管理措施，做到零农药、零化肥、零添加，提高茶叶品质。农场依山傍水，利用水质洁净无污染的水库水喷淋灌溉，保持水土平衡；利用绿色、高效的农业生产技术等提高农产品质量，以保障食品安全。

1. 采用秸秆还田措施 农场采用的秸秆还田措施，是一项培肥地力的增产措施。秸秆中含有大量有机物料，在归还于农田之后，经过一段时间的腐解作用，就可以转化成有机质和速效养分。秸秆还田能增加土壤有机质，改良土壤结构，使土壤疏松、孔隙度增加、容量减轻，促进微生物活力和作物根系的发育。从而有效补充土壤养分，改善农业生态环境。

2. 花生麸、牛粪、羊粪发酵腐熟 农场将花生麸、牛粪、羊粪进行发酵腐熟后施用，此举在提高土壤肥力、促进植物生长、改善土壤结构、增加生物多样性、促进碳循环等方面具有重要作用，尤其对于环境保护、农业可持续发展、土壤健康和促进生态系统稳定、发展生态农业和循环经济具有重要意义。

有机肥发酵与施用

3. 采用水肥一体化节水灌溉系统 利用水质洁净无污染的水库水喷淋灌溉，适时、适量地满足茶叶对水分和养分的需求，减少水流失和蒸发，有效提高灌溉水的利用率，科学灌溉和精准施肥有利于茶树生长，以及提高茶叶的产量和品质，从而实现水肥同步管理和高效利用的节水农业技术。同时能节约水资源，降低劳动力成本，保持水土平衡。

喷灌

4. 采用人工锄草、零农药施用

采用人工锄草模式，能够彻底清除杂草，减少其对作物的竞争，有效疏松土壤，促进根系发育，降低杂草危害和保障茶树安全生长。不使用化学药剂，安全环保，对环境和人体健康无害，从而打造安全高品质生态茶。

5. 营造以虫控虫的仿原生态环境 为提高茶叶品质，对农场进行生态调查，识别害虫天敌，如捕食性昆虫、寄生蜂、鸟类等；分析害虫生命周期和食物链，通过科学管理和技术创新，保护自然生态环境、保护茶园周边的自然植被，建立生态缓冲带，提高茶园的生态多样性。种植树木和草本植物，为天敌提供栖息地；根据采摘时间及时调整修剪时间，减少害虫的繁殖机会。

6. 科技装备应用 引进智慧农业管理系统，对基地种植区域的气象环境、土壤墒情、病虫害、农事活动等进行实时监测，实现茶叶生产智能化、经营网络化、管理高效化、服务便捷化，全面提高茶叶产业现代化水平。结合系统预警模型，对茶叶进行实时远程监测与诊断，实现茶生长动态监测和人工远程精准管理，保证茶叶在最适宜的环境条件下生长。

四、综合效益

1. 经济效益 2023 年，金萱茶、金玉茶、翠玉茶共计 870 亩，每亩茶青可加工茶叶约 167 千克。金花茶 140 亩，每亩茶青可加工茶叶约 12 千克。金萱茶每亩茶年产值近 20 万元，金玉茶和翠玉茶每亩茶年产值近 69.7 万元，金花茶每亩茶年产值近 48 万元。

2. 生态效益 茶树是多年生经济作物，生长周期长，四季常青，能有效保持水土，是保护生态的天然植被。农场多为茶丛梯田，项目设计修筑排水沟，既可防止水土流失，使植被滋润，又可保湿抗旱。有机茶园严格执行相关质量控制标准和生产操作技术规程，根据生态防治形势，严格管理投入品的使用，不施化肥和化学农药，有效减少环境污染。

3. 社会效益 农场吸纳大量周边农民就业，带动农民增收，通过开展农家乐、民宿、农产品销售等服务，周边农民收入大幅提高，改善农民生活水平。同时通过茶产业发展带动长山镇乃至廉江市农业、旅游业发展，起到良好的引领示范和促进作用。

广西金福农业有限公司

一、基本情况

广西金福农业有限公司成立于2014年9月，注册资金5 008万元。农场投资约2亿元，在隆安县创建红心火龙果种植、种苗培育基地。种植火龙果5 500亩，年产鲜果9 200吨，年产值12 880万元。建有综合楼、党群服务中心、五星级就业车间（包装分拣冷链中心）等。

农场鸟瞰图

二、经营理念

农场自成立以来，始终本着“发展一项事业、带动一个产业、造福一方百姓、涵养一方水土”的经营理念。按照“龙头公司＋产业基地＋农户”的思路，通过承租土地、吸纳劳动力转移就业、承接村民合作社集体经济发展资金等方式，让农户增产增收，持续推动南宁高质量发展。继续按照“培育一个新品种，推广一套新技术，提升一个好产业”的理念，推进农业智慧化进程，促进农村特色旅游发展，吸纳农村富余劳动力，带动当地发展和群众增收致富，倾力打造广西特色水果产业示范基地，走出了一条发展现代特色农业的乡村振兴之路。

三、做法模式

1. 引进先进品种，探索新种植方法 先后引进台湾优良火龙果品种和先进种植技术，并结合广西本地生态条件，精心选育火龙果品种，探索了排架式火龙果种植新方法。采用以色列进口的水肥一体化滴灌设备，有效地解决了传统种植方法普遍存在的枝条腐烂、果实花斑病等生产技术难题。培育了挂果率达90%以上、高品质和耐储运的新品种伊蜜系列。

2. 采用补光催花技术，促进增产增效 2015 年，农场开始实验，采用先进的灯光补给系统模拟不同时段的太阳光波专门给火龙果补光，促进火龙果光合作用，提高火龙果的产量和品质。2017 年补光催化项目全面覆盖整个园区，每年可新增三个月的挂果期，年新增两批果共 600 吨，在带来企业增收、产业增效的同时形成了十分漂亮的夜景景观及生态观光景观，在当地形成了一处景观独特的休闲旅游、生态观光旅游胜地。

火龙果补光

3. 应用水肥一体化技术，实现节水节肥 2014 年基地初建，采用以色列进口的水肥一体化滴灌设备，每亩减少化肥用量 15 千克，平均每亩增产 10%；2019 年建立广西火龙果智能水肥一体化技术示范区；2020 年农场根据火龙果各生长阶段不同营养需求的特点，科学管理和搭配火龙果植株的肥料养分，合理使用水肥一体化技术，精准控制水肥滴灌时间和流量，提高肥料的养分利用效率。通过田间农艺调查和监控，及时了解作物生长和土壤水肥含量信息，结合大数据、云计算技术进行分析，找到最佳作物生长时间节点进行合理的养分供应，最大化提高水肥利用率，配合优化栽培条件、及时植保防治等手段，保障了投入水肥最大效用，也实现了节省农药等生产物资的投入，真正实现了肥料农药减投入、增产出的目标。

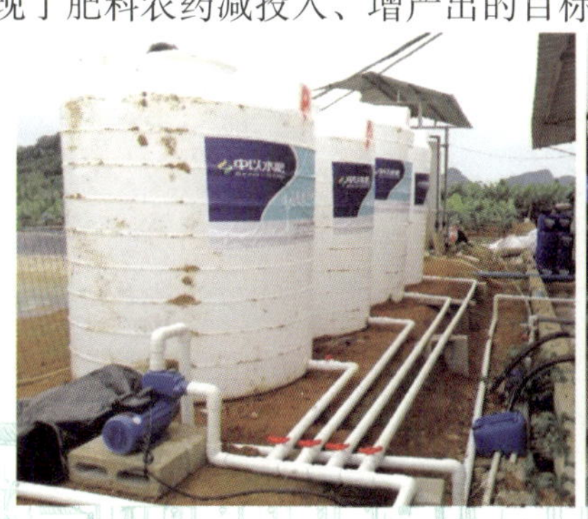

水肥一体化设施

4. 建立产品质量可追溯系统，强化监管溯源 2015年，建立火龙果可视化溯源体系，拥有农业指标的智能化监控、种植情况实时直播、农产品一物一码溯源等功能，是广西首家建立火龙果可视化溯源体系的公司。“溯源”贯穿农产品的生产、检测、销售，以及农场管理等各环节，可实现“质量可监控，过程可追溯、政府可监管”的目标。

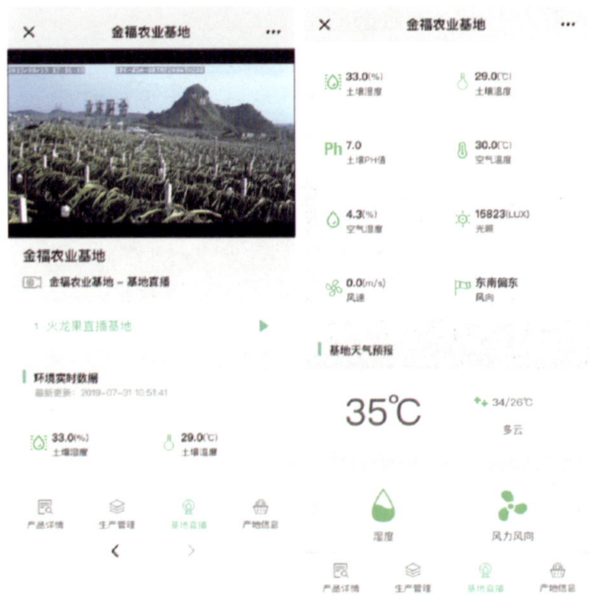

生产基地智能化监控

农场全面覆盖监控设备，实施24小时远程监控管理，不仅做到省时省力，还大大提高了监督效率，能及时发现生产过程中存在的不规范现象，及时纠正降低损失。生产基地有标准化分选中心、国际化物流团队，采取人工采摘，电脑分选机按规格大小智能分选火龙果，采用自动化清洗、专业化包装、保鲜库锁鲜保存，冷链物流车配送。

5. 应用智慧农业云平台，提升工作效率 2020年，应用第三方智慧农业云平台，通过配置在地头的高清作物生长智能监测记录仪、农业气象监测站及多层土壤墒情监测仪，实现利用智慧农业移动终端即可实时在线检测土壤含水量、施肥用量情况，随时随地实时观测、掌握田间动态。同时利用云平台强大的数据平台计算能力，实现种植选择评估、营养方案订制、气象数据监测、物候期识别、土壤监测等功能和操作，极大提升了种植决策的科学性和有效性，避免了不必要的投入和浪费。通过安装在地头的远程控制箱，移动终端即可实现精准施肥的远程遥控，万亩农场，一键管理，真正节省人力投入，大大提升了工作效率，实现了节本增效。

智慧农业云平台

6. 应用绿色农业技术，实现清洁生产 采用生物防治、物理防控、生态平衡“三位一体”的病虫害防控技术体系。通过推行园间覆盖防草膜，使用蓝黄粘虫板、太阳能杀虫灯，增施有机肥、田间生草（斑地锦）等生态农业措施进行火龙果绿色种植，并对生产过程中的农业废弃物集中回收。

绿色防控

四、综合效益

1. 经济效益 农场打造的智慧农业新模式，既节省了劳动力投入，又达到了省心增收的成效。实现生产成本节省 30%，物流成本节省 50%，人工成本节省 90%，利用率提升 30%。精准配肥，提高肥效，半个小时就能完成 20 多亩地的滴肥作业，省时省力。2024 年，火龙果总产量达到 50 多万千克，销售额超过 300 万元。

2. 社会效益 采取“公司+基地+村集体+农户”的经营体系，形成了土地流转有租金、基地务工有薪金、反包管理有酬金、超产分成有奖金、村企合作享股金的“五金”带农益农模式。截至 2024 年 6 月，累计帮扶农户 10 712 户 42 090 人，增收达 1 500 多万元，辐射周边乡镇种植火龙果面积超过 2 万亩。

3. 生态效益 采用补光催花技术、实现增产增收。采用水肥一体化技术，实现节水节肥，年节肥量达 82 500 千克。采用生态农业技术，推行园间覆盖防草膜，使用蓝黄粘虫板、太阳能杀虫灯等措施，有效减少农药施用。通过增施有机肥，田间生草（斑地锦）等措施，减少化肥施用，实现清洁生产。

贺州市正地发展有限公司

一、基本情况

贺州市正地发展有限公司成立于2017年，注册资金9 600万元，是广西贺州市农业投资集团有限公司全资子公司、自治区现代农业产业龙头企业。农场主要经营蔬菜、谷物等农作物种植、加工和销售，农业专业及辅助性活动等业务，以贺州市八步区东融（供港）蔬菜产业核心示范区为载体打造生态农场，面积8 470亩，其中作为生态农场的核心区面积3 500亩。示范区年产蔬菜超3.5万吨，产值超2亿元，其中80%以“贺州蔬菜”品牌畅销粤港澳市场，是粤港澳大湾区“菜篮子”生产基地。

贺州市八步区东融（供港）蔬菜产业核心示范区基地

农场配套建设园区管理中心、展示中心、科研中心、冷库、物资仓库、分拣集散交易中心、育苗大棚、水肥一体化系统、轨道采收系统及智慧农业溯源系统等基础设施。建立1 000平方米分拣车间，分为分拣、包装、冷库功能区。配备分拣台、封口机、制冰机、真空预冷机等设施设备，配备冷藏运输车3台，运输能力达600吨，冷库8间，冷库容积10 100立方米、冷藏能力达50 000吨。冷库配套安装信息采集仪，通过网络互联，构建以自动采集为主、手工填报为辅的信息采集服务体系，实时采集基地产品信息。

二、经营理念

农场以豆杯、菜心、毛节瓜等供港蔬菜产业为核心，以创建生态农场为抓手，以秸秆资源化利用为纽带，打造蔬菜生态产业链，构建集有机肥替代化肥、水肥灌溉、绿色防控、秸秆回收、阳光堆肥、智慧溯源、标准引领、科技支撑、农民就业创业于一体的产业发展格局，建成基地环境友好、布局管理科学、生产过程清洁、产品优质的生态循环现代农业示范区。以供港澳蔬菜农产品为中心，以稻菜轮作种植模式为特色种植类生态农场，不断升级提升生态农场建设，结合贺州市三县两区各基地特色，因地制宜发展养殖业、餐饮业、休闲业、旅游业与高效农业相结合，建立综合型生态农场。同时不断优化生态生产模式，发展深加工，形成产业化生产，进一步提高经济效益，实现经济、生态、社会效益可持续协调发展，促进贺州农业产业高质量发展，推动全面东融，助推乡村振兴。

三、做法模式

1. 废弃物综合利用 农场通过农用打地机，将基地水稻、玉米、菜叶等秸秆粉碎还田，杜绝了秸秆焚烧造成大气污染，同时增加了土壤有机质，改良土壤结构，增肥效果达 7%。农场通过建立秸秆回收中心，采用机械化作业将基地水稻、玉米等秸秆回收，更好地保护环境。基地采收后的秸秆、分拣后的菜叶等可腐烂垃圾收集在密封采光房中，利用温室效应，结合先进的微生物技术，快速降低垃圾水分和体积，同时杀死其中病原菌和蛔虫卵，实现垃圾快速减量化、无害化和资源化。

2. 应用水肥一体化智能灌溉系统 农场对稻-菜轮作区域采用移动式微喷设施，对菜-菜轮作区域采用固定式喷灌设施，做到精准施肥、精确喷灌，实时满足蔬菜生长需求。基地内实现了每亩节水 60%以上，节肥 20%以上，节省劳动力 40%以上，产值提高 30%以上。农场开展有机肥替代化肥项目，有机肥用量超 80%。

水肥一体化设施、喷灌装置

3. 应用病虫草害绿色防控技术 农场通过释放天敌赤眼蜂，防治水稻、玉米中的鳞翅目害虫，切实做到农药减量、防治增效。大棚及种植基地均采用杀虫灯、色板诱杀虫害，利用害虫趋光特性、趋色习性诱集害虫；大棚采用的防虫网是生产绿色蔬菜的最佳覆盖材料，几乎能完全防止蚜虫、白粉虱、斑潜蝇等害虫侵入，且能控制病毒病发生，还可保护天敌；农场通过推广性诱虫剂，打乱害虫交配，改变性别比例，降低虫害出生率，达到杀虫目的；农场采用人工除草及抑草布进行田间除草，提高土壤温度，促进蔬菜生长同时，避免因使用除草剂对农作物、人、牲畜及环境造成危害。

杀虫装置

4. 采用智慧农业溯源系统 通过在基地部署传感器、控制器、摄像头等多种物联网设备，实现对农业生产现场气候变化、土壤状况、作物生长情况、病虫害情况、水肥施用情况等实时监测。对异常情况进行自动报警提醒，远程自动控制生产现场灌溉、通风、降温、增温等设施设备，实现精准作业，降低人工成本，目前生态农场已实现全覆盖。农场通过平台自动生成独一无二的防伪溯源二维码，使用手机扫描二维码，可快速通过文字、图片、实时视频等，查看农产品全程溯源信息，构建起“从生产到销售、从农田到餐桌”的绿色供港蔬菜智能化信息服务平台。

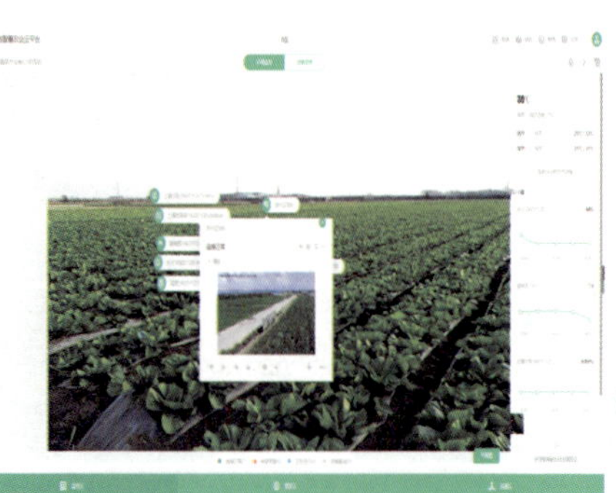

远程智能监控、产品安全溯源

5. 以农业全程机械化促进社会化服务 农场采购一批育苗机、移栽机、植保无人机、打地机、采收机、收割机、真空预冷机、包装封口机等农用机械，开展“代育苗、代整田、代植保、代采收、代运输，统一田间管理”的“五代一统”农业经营性社会化服务，为种植户提供从生产到销售的全程机械化服务。

农业机械化

四、综合效益

1. 经济效益 通过生态农场创建，降低种植成本，提升企业造血能力，实现蔬菜产业规模、产值、利润大幅度提高。蔬菜农残检测合格率达100%，成为名副其实的生态菜、健康菜，年产蔬菜超3.5万吨，产值超2亿元，蔬菜价格比外地蔬菜价格高10%，打造高端蔬菜品质，企业年盈利增长8%以上。

2. 生态效益 农场通过水肥灌溉、秸秆、菜叶等资源化利用，有效保护生态环境，示范区内实现每亩节水60%以上，节肥20%以上。年回收或粉碎还田示范区周边秸秆达95%以上，提升土壤肥力8%以上。

3. 社会效益 农场组织农民培训蔬菜高效栽培及病虫害防治技术、蔬菜农药残留检测技术与应用、创业项目推介等超10场，培训人次达800人，带动种植户超150人，创造就业岗位超1 500个，人均月收入超3 000元，带动村集体经济超100万元。生态农场成效先后被新华网、人民网、央视新闻网、香港大公报、广西新闻频道等媒体广泛宣传报道。

西 北 地 区

陕西齐峰果业有限责任公司

一、基本情况

农场鸟瞰图

陕西齐峰果业有限责任公司成立于2010年，注册资金3 000万元，位于宝鸡市眉县常兴镇，主要业务为猕猴桃种植、收购、储藏和销售等。现有猕猴桃基地5 000多亩，气调保鲜库400多座，储存量50 000吨，法国迈夫全自动猕猴桃分选线2条，标准化包装车间2个共10 000多平方米，日分拣量达500吨以上。拥有“齐峰果业”“齐峰缘”“齐峰”等10个商标，“齐峰果业”“齐峰树”获得“陕西省好商标”荣誉称号，“齐峰果业”品牌估值10.18亿元。2014年，投资建设齐峰秦岭生态家庭农场（眉县秦岭印象家庭农场），规划总面积1 200亩，累计完成投资3 000万元。农场种植翠香、齐峰1号猕猴桃600亩，贵长、金福等新品种示范园20亩，樱桃36亩，户太8号和夏黑葡萄200亩，核桃、柿子、石榴等经济作物80亩；建成红阳猕猴桃设施大棚40亩，坡道养殖区100亩，垂钓区及旅游观光带1.2万平方米。北区建成2 460平方米工厂化育苗温室及组培室，用于脱毒组培猕猴桃、樱桃等果品苗木。每年接待果农及周边职业农民参观学习2 000人次以上。作为西北农林科技大学校外实训基地，定期接待大学生前来学习实践。

二、经营理念

眉县南依秦岭，北跨渭河，气候温和、雨量适中、土层深厚肥沃，是猕猴桃的最佳优生区之一。从1978年开始，眉县就开始了猕猴桃种质资源调查和人工栽培试验，成为中国最早人工栽种猕猴桃的地区之一，经过多年发展，猕猴桃产业已成为眉县的支柱产业，眉县猕猴桃种植面积已达30.2万亩，综合产值突破60亿元。眉县猕猴桃产业发展时间长、种植规模大、聚集度高，但由于眉县猕猴桃产业长期不断更新迭代，现有猕猴桃果园种植水平参差不齐的情况日益凸显。

农场以“生态循环、健康绿色、标准示范、模式创新”为理念，以打造眉县天然绿色猕猴桃基地为目标，以推进农业标准化生产为基础，以强化猕猴桃产前、产中、产后全程可追溯为重点，全面实施产、供、销、学、检“五个统一”的经营模式。积极推广猕猴桃绿色栽培技术，严格农药最低用量，以预防为主，推行物理防治、生物防治，病虫害减防措施得当，建成高品质、高标准示范园区。农场有四个特点：一是统一规划、改良土壤、采用组培苗规范建园；二是充分应用物联网和智慧农业技术，喷灌节水和滴灌水肥一体化设施一应俱全，实现了果园灌水、施肥智能化管理；三是将生态养殖和绿色栽培技术相结合，实现了“果、畜、沼”生态循环；四是将休闲观光与猕猴桃栽培进行有效结合，进一步提高农产品附加值，增加农场收益。

三、做法模式

农场利用盘山100亩坡道地域，散养土鸡、鸭、鹅、羊等畜禽，并将粪便腐熟发酵，用于果树施肥，猕猴桃修剪产生的枝条粉碎还田。将生态养殖和绿色栽培技术相结合，实现“果、畜、沼”生态循环。

1. 应用节水灌溉技术和果园生草技术 农场灌溉全部使用喷灌或滴灌等节水灌溉技术，并制订年度节水灌溉计划，相较大水漫灌有效节约水资源，并且防止了土壤板结、肥效不均等问题。猕猴桃果园生草技术的应用，在增加果园有机质、减少灌溉次数、改良土壤结构、改善土壤理化性质、减轻病虫危害、改善果园生态环境等方面效果明显。

果园生草

农场栽植风景绿化苗木（银杏、枇杷、樱花、百日红等）50多种，既起到防风的作用，又美化了生态环境。

2. 建设猕猴桃高架牵引示范园 自2019年起，农场开始探索实施猕猴桃“四改五提升”技术模式，大力实施土壤改良，利用现代农业机械，亩均增施有机肥10吨，大大增加了土壤有机质含量。实施架型改造，采用“一干两蔓”高架牵引等树形架型，提升示范园园貌。2022年，响应眉县果业高质量发展，新建60亩眉县猕猴桃“四改五提升”高标准示范园，包括40亩红阳设施示范园和20亩金果示范园，安装智慧水肥及气象物联设施，实施集中自动化控制，购置推广遥控自动喷施机等智能农机具，实施果园管理全程机械化，为眉县猕猴桃“四改五提升”打造了很好的示范样板。

高架牵引、种植示范园

3. 应用新型科技装备 农场配有乘坐式割草机、遥控自动喷药机、撒播式施肥机等先进适用的农业机械设备50台套，在栽植、施肥、冻害防控、植保、授粉、割草、修剪、绑枝、枝条收集处理等猕猴桃主要生产管理环节实现全程机械化，示范带动全县猕猴桃生产向机械化、规模化、标准化方向发展，推动猕猴桃产业发展。

乘坐式割草机、遥控自动喷药机

2018年，农场积极与农业物联网公司对接，在农场内安装摄像头、水肥一体化自动施肥机、虫情测报灯、果树生理健康监测设备、小型气象站等物联网设备，同时与齐峰果业合作开发农业物联网管理系统，对种植基地的土壤、气候、温度、湿度等进行实时监控，并指导种植技术员进行农事操作，实现果园智能化、数字化管理。

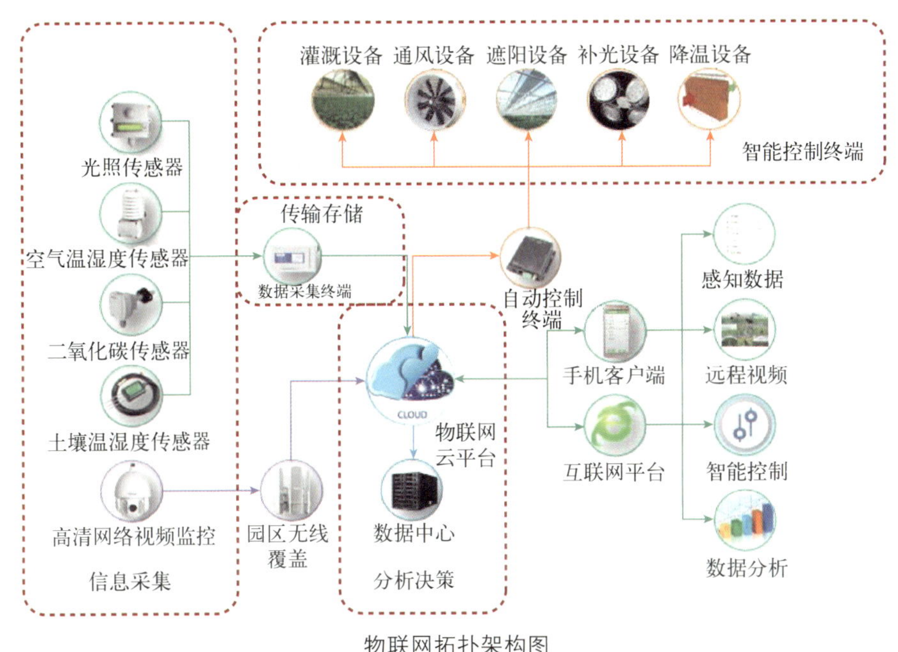

物联网拓扑架构图

4. 创新机制，实现效益双赢 2018年，农场加入眉县齐峰猕猴桃产业联合体，以“龙头企业+家庭农场+农户”的模式，统一进行生产经营、技术管理指导，进行线上有机产品订单销售，通过合作组织把分散经营与市场有机结合起来，从品种、资金、信息、技术、销售上实行资源共享，增强了抵御市场风险的能力。

5. 规范运行，激发内生发展 农场管理逐步规范化、科学化，运行管理分工明确，组织结构合理。种植部负责基地葡萄、猕猴桃、樱桃等作物种植、销售，采购部负责基地建设材料和日常开销的购置，设有专职会计负责基地账务核算。账务核算采用金蝶EAS系统，规范建账，按照小企业会计准则记账。严格按照家庭农场管理制度生产经营，遵守投入品管理办法，制定科学标准化生产操作规程，建立健全种植生产档案记录，保证农场产出放心、安全的农产品。

四、综合效益

1. 经济效益 农场始终坚持生态有机种植，所生产的农产品均为有机产品，并通过有机认证，销售价格较同类非有机产品大幅提升，依托眉县齐峰猕猴桃产业联合体优势，产品十分畅销，2023 年产品产值 1 520 万元，实现利润 438 万元。

2. 生态效益　通过增施有机肥、果园生草、秸秆粉碎还田等技术措施，提高果园土壤有机质含量至 2.0%以上，减少化肥用量 40%左右，通过机械化割草、杀虫灯、粘虫黄板等技术措施减少农药用量 30%左右，农场修剪的果树枝条全部粉碎还田，家禽粪便腐熟发酵后全部用于果树施肥，生态农业技术的应用，改善了农场的生态环境，提高了农场的生物多样性，喜鹊、野鸡、野兔、麻雀、松鼠、刺猬等野生动物在农场活动频繁。

3. 社会效益　农场在新联村采取土地流转、吸纳就业、技术服务等方式，每年吸纳附近农户就业 100 多人。农场每年进行技术培训指导 10 场次，培训果农 1 000 人次，推广生态农业技术，推动眉县猕猴桃产业绿色高质量发展。

玺赞庄园枸杞有限公司

一、基本情况

玺赞庄园枸杞有限公司成立于2013年，注册资金13 976万元，是中华全国供销合作总社整合中央、自治区、市、县四级供销社（集团）共同投资的一家混合所有制企业，是中华全国供销合作总社及中国供销集团重点培育的行业骨干企业。

农场规划面积15 000亩，目前已建成7 000亩标准化枸杞种植基地，位于中宁枸杞小产区红柳沟，享有枸杞原产地独有的经纬优势，引用罗山保护区天然碱性水与黄河水配比灌溉，拥有生产高品质生态枸杞的天赋。农场年产原味干果5 000吨，高品质枸杞原浆3 000吨，高品质鲜枸杞500吨。玺赞枸杞产品通过绿色食品认证、ISO 9001系列质量管理体系认证、HACCP体系认证、良好农业规范（GAP）管理体系认证、国内有机认证、欧美日有机认证、美国食品和药品管理局（FDA）食品注册认证和道地药材中宁枸杞认证等。

农场发展规划图

二、经营理念

宁夏回族自治区中宁县鸣沙镇的小盐池滩，十年前是狂风、扬尘的聚集地，周边十几千米素来被看成是不毛之地。2013年，农场在小盐池滩流转荒地15 000亩，聘请设计院研究论证，与中国医学科学院药物植物研究所、中国枸杞工程中心、西北农林科技大学、宁夏农林科学院等科研院所合作，经过多次讨论、方案规划、技术指导，确定建设枸杞种植基地，带动地方经济发展的同时，兼顾防风治沙。

农场坚持创新发展，实施品牌驱动战略，以标准化、创新化助推枸杞产业高质量发展。以原产地枸杞种植加工销售为核心，以多业态融合发展的经营模式和“直营与经销、高端与中端、线上与线下、国际与国内、批发与零售”的营销模式相结合，已快速发展为研发、种植、加工、营销、文旅、生态“六位一体”的枸杞全产业链及一二三产业融合发展示范企业。

农场建设前后对比

三、做法模式

农场采用GPS卫星定位技术，严格执行1米株距、3米行距，每亩种植220株的标准化种植规范。田间工程采用机械化作业，配备打药机、除草机、旋耕机等现代农业机械设备。严格执行《绿色食品　产地环境质量》（NY/T 391—2021）、《枸杞栽培技术规程》（GB/T 19116—2003）、《宁杞7号枸杞栽培技术规程》（DB64/T 772—2018）和《生态农场评价技术规范》（NY/T 3667—2020）等标准，实现农场种植标准化管理。

1. 水肥管理体系　“有机肥+配方肥”模式，将有机肥与配方肥相结合，基肥与追肥合理分配。“水肥一体化”技术，采用以色列先进节水滴灌技术、根际灌溉技术、水肥一体化技术，将黄河水与红柳沟碱性水按3∶1调配制成灌溉水，肥料与灌溉水结合，均匀、定时、定量浸润枸杞根系生长发育区域，水肥联控，追施肥与灌溉协调，既节约用水，又提高肥效。“田间自然生草+割草还田绿肥”模式，田间科学生草提高土壤保墒能力，定期割草还田，让其自然腐烂分解，改良土壤结构，提高土壤肥力。

通过优化支架型地下根际灌溉技术，集成枸杞篱架栽培和行间控草技术，达到节水节肥、深水深肥、省工轻便、绿色生态、规范高效的枸杞种植模式。相比传统地表滴灌技术，达到节水32.5%、节肥20.1%，生产成本降低10.6%；产量增加14.5%，产值增加26.9%。

水肥一体化设施和果园生草

2. 病虫害绿色防控体系 运用各种防治措施，保持农业生态系统的平衡和生物多样性，减少各类病虫草害所造成的损失。栽培管理方面，选择优良品种，加强枸杞种植管理，控制种植密度，及时剪除病枝和病叶等。物理防治方面，利用害虫的趋光性，在其成虫发生期，园间点灯诱杀，地块内设置粘虫黄板、粘虫纸等，减少害虫繁殖。对发生面积较小、程度较轻的害虫，采用人工捕杀。生物防治方面，保护和利用有益生物及优势种群，保护园地周围鸟类，使用生物药剂及除虫菊素、印楝素等植物源或者矿物源制剂。使用太阳能杀虫平台、食诱器、性诱剂对夜蛾类进行诱杀。

3. 智能信息化监测系统 农场接通了百兆光纤网络，无线网络覆盖面积大，对接移动公司建设信号塔 2 座，并配备电脑终端 46 台，实现生态农场智能信息化全覆盖。远程视频监控系统，建成覆盖农场、生产车间、初加工车间的视频监控系统。建成小型气象站系统，对农场及周边环境的风速、风向、降水量、空气温度、空气湿度、光照度等气象参数进行实时监测和预报，对田间气象信息进行实时监测，加强对农业灾害的监测和防控，保障枸杞的产量和品质。运用土壤墒情监测系统，安装土壤墒情采集设备，配置传感器，通过传感器对土壤数据进行实时采集，指导生产过程中用水用肥等。

远程视频监控

4. 产品质量追溯体系 聘用专人对枸杞生产过程中肥料等投入品的数量、种类、施用时间，一级枸杞品种，质量等级，采摘时间，运输方式，验质级别，出入库时间，库号，到货时间进行详细记录。依托农牧厅农产品质量追溯平台和中宁县枸杞产业发展服务局产品质量追溯系统，在采摘场、加工厂、销售点完成数据采集。消费者通过扫描质量溯源码，进入溯源系统，实现对枸杞从种植、加工、销售、管理、物流运输的全方位追踪查询。

5. 科技支撑与创新研究 与中国科学院、中国医学科学院、国家枸杞工程技术研究中心、宁夏回族自治区农林科学院、宁夏医科大学药学院等科研院所建立了长期稳定的合作关系，共同就枸杞种苗培育、节水灌溉、水肥同施、栽培管理、病虫害绿色防控、生产加工、药用研发等方面展开研究攻关。近年来，农场陆续完成多项枸杞生产与加工相关成果转化，取得发明专利1项、实用新型专利33项，承担自治区重点研发计划1项，成果推广示范项目1项，完成企业科研项目6项。

四、综合效益

1. 经济效益 农场始终把线上线下销售渠道建设作为发展重点，已在天猫、淘宝、京东、拼多多等电商平台建成玺赞枸杞官方旗舰店，建成线下枸杞专卖店17家，在北京、上海、广州、深圳等一线城市拓展了“玺赞”品牌专柜，全国范围内加盟店数量已达到200余家。截至2023年末，主营业务收入11 309万元，利润1 175.4万元。“玺赞”已成为宁夏成长最快的枸杞品牌之一，品牌估值4.89亿元。

枸杞专卖店

2. 生态效益 全力打造绿色生态枸杞品牌，开展绿色生态枸杞标准化生产，提升枸杞产品商业化、品牌化水平，增强产品的市场竞争力。生态农场的建设可拦截坡面径流和泥沙、增加植被覆盖度，将有效改善生态环境。通过建设农田防护林，绿化田间道路，减少风沙和水土流失，对防风治沙、调节区域小气候，促进农业生态工程建设具有重要作用。农场合理利用碱水种植原生态枸杞，发展现代农业高效节水灌溉，有利于水资源可持续利用，有利于区域生态环境良性循环。

3. 社会效益 大力推行“龙头企业＋基地＋农户”利益联结模式、“固定用工＋临时工用工劳务报酬”模式，持续为本地提供就业机会，每年季节性用工2 000余人，绝大多数是周边农民，每年人均收入达到1万元。同时，推行“保底价收购＋二次分红”“技术培训＋社会化服务”等方式，带动周边枸杞种植合作社按照统一标准组织生产，帮助农户提升枸杞质量，建立长期合作，签订收购合同。农场还实行保护价收购条款，在市场行情不景气的情况下，对符合质量要求的枸杞以高于市场收购价的价格进行收购，并进行加工销售，为周边农户提供社会化服务和示范引领，带动当地农民增收，实现农户年人均增收2 000元以上。

阿拉尔市十一团蜜园果品农民专业合作社

一、基本情况

阿拉尔市十一团蜜园果品农民专业合作社（以下简称合作社）成立于2014年，注册资金320万元，位于阿拉尔市十一团职工创业园区内。农场主营业务为新疆特色林果种植、干果加工、销售，拥有注册商标品牌4个，获得灰枣、香梨绿色食品认证2项。农场种植红枣、西梅、香梨、蟠桃等新疆特色农产品4 100亩，其中红枣2 200亩、西梅450亩、杏李650亩、桃200亩、梨600亩。同时，为了摆脱传统小作坊经营模式，投资2 200万元发展加工业，建成了面积约60亩的农产品初加工车间，包含生产线3条、办公楼1栋，已投入使用。

二、经营理念

阿拉尔市是红枣、香梨等特色林果种植和加工大市，近年来，随着市场竞争逐渐激烈，种植效益呈现下降趋势。行业内进行了引进新品种、加强种植管理和技术创新、挖掘产品价值等多方探索。农场目前存在的问题主要是员工对现代生态农业技术的学习掌握不足，先进的科技装备投入不足，产品销售渠道单一，产品宣传不足，没有形成特色品牌。

农场采取“生态种植＋绿色加工＋线上线下销售＋全程追溯”的方式，延长产业链，提高产品附加值，扩大品牌宣传，拓展销售渠道，形成以生态种植为基础、绿色加工为主体，市场需求为保障、数字化生产为依托的产销一体化发展态势。同时引进特色林果绿色种植技术和现代生态农业技术，提高农产品保鲜、精深加工技术，配备相应设施设备，建立生态农业服务体系，拓展生态农业旅游功能，带动地区农业产业发展，促进农业增产农民增收。

农场发展思路

三、做法模式

1. 果园生态管理

（1）种植管理。选择耐旱品种种植，每年春、秋季进行土壤深耕，促进果树根系下扎、扩大根系分布，提高透水性。施用有机肥，培肥地力，提高土壤蓄水保水能力。

（2）林间覆草。在果树行间种植矮秆豆科植物或绿肥植物，如三叶草、苕子、沙打旺、紫苜蓿等，可防止水土流失、调节地温、抑制杂草生长，从而促进园地生态良性循环。

种植果树

（3）病虫害防治。采取覆盖地膜，挂防虫灯、黄板等物理方式防治虫害，同时采用人工方式打破虫茧、摘除虫卵、剪除虫枝。果实采收后，及时处理虫果、虫枝，将园中的杂草及枯枝清理干净，集中销毁。

（4）农药肥料包装物回收利用。生产过程中使用的地膜，化肥和农药等投入品包装，以及采收期产生的废弃物统一收集到田间废弃物回收箱中，按照可回收和不可回收类别进行分类，分别交由回收站和垃圾处理站处理。

（5）废弃物资源化利用。修剪树枝产生的枝条，采用粉碎或与牛羊粪混合发酵后还田的方式处理。深加工过程产生的果核、果皮等废弃物与枝条一起粉碎还田。每季度清理林间覆草和地头杂草。此外，农场与十一团畜牧养殖合作社签订长期合作协议，促进畜禽粪污还田培肥地力。

废弃物资源化利用

2. 果园设施设备

（1）果园智能化建设。利用 RFID（射频识别）、电磁感应、光谱、视频、红外等传感设备收集土壤水分、温度和果树枝叶温度、茎流等信息。这些信息通过传感器传输，经果园信息化精准管理系统处理，确定水、肥、药的施用量和时间，通过施肥灌溉喷药一体化管道进行作业。

(2) 果园机械化设备。开发微型轮式动力移动平台，通过该动力平台的动力输出，快速连接不同的工作机具，实现果园内耕作除草、开沟施肥、果品运输、果树修枝、农药喷洒、采果等作业。

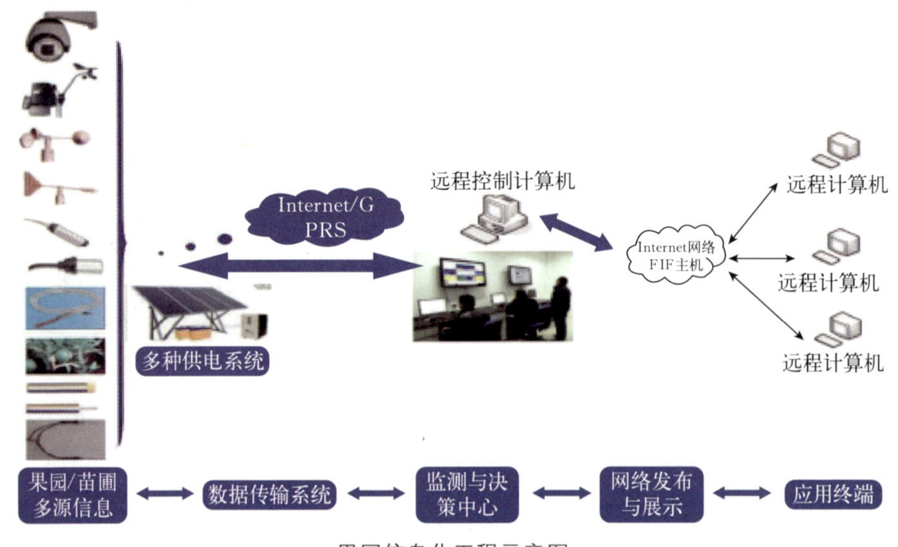

果园信息化工程示意图

3. 林果初加工、精深加工　新建分选包装初加工车间 4 000 平方米，包括原料存放区、生产区、成品储藏区、参观通道、辅助用房等。预计建成 6 000 平方米精深加工车间，以西梅、香梨深加工为主，实现非商品果变汁、变酱，提升产品附加值。目前，农场已与天津市农业科学院、塔里木大学食品学院等科研院校合作开发产品，并申报专利 1 项。建成冷藏保鲜库 10 000 平方米，包括低温冷藏间、高温冷藏间、机房等。

四、综合效益

1. 经济效益　2023 年红枣售价 10 元/千克，年销售收入 1 056 万元；西梅售价 25 元/千克，糖度由 24 白利度提升至 28 白利度，年销售收入 2 025 万元；香梨售价 5 元/千克，年销售收入 360 万元；杏李售价 30 元/千克，年销售收入 3 900 万元；油蟠桃售价 30 元/千克，年销售收入 1 200 万元。实现年净收入6 364.68万元，带动农户收入增加 1 628 万元。

果品加工车间

林果采收、包装

2. **生态效益** 农场自成立以来，坚持生态绿色种植，选择耐旱品种，深耕松土，施用农家肥、生物菌肥，培肥土壤，废弃物资源化利用，还田沃土，减少化学肥料施用，复合肥用量由 50 千克/亩下降至 20 千克/亩，降低 60%，土壤有机质含量提升 8.33%。

3. **社会效益** 通过建设生态农场，带动了园区生态环境修复和保护，促进了生态农业技术普及和应用，带动了红枣、香梨等特色农产品的大力发展，建成了果园智能化管理系统，从种植到精深加工，实现了农业产业升级。近年来，农场共带动当地富余劳动力 200 人，农民增收达到 600 万元。

西 南 地 区

重庆市江津区环湖农业开发有限公司

一、基本情况

重庆市江津区环湖农业开发有限公司成立于2016年，注册资金100万元，是集生态农业观光、种植销售特色水果的区级农业产业化龙头企业。农场位于江津区夏坝镇大坪村，规模220亩，年产有机农产品8万千克，目前种植的品种有太阳橙、杨梅和芒果等。农场是国家柑橘产业体系试验示范基地，与华中农业大学、重庆市农业科学院、西南大学柑桔研究所、浙江澳珀生态产业运营公司、重庆春云众农业科技等建立合作关系。

农场鸟瞰图

种植的太阳橙、杨梅

二、经营理念

农场坚持有机生态农业发展，以果园有机肥投入为例，果园使用的沃驰商品有机肥，市场售价为 6 500 元/吨，远高于普通复合肥 2 800 元/吨的价格，造成生产投入品的成本大大增加。随着农村劳动力的持续减少，果园雇工日益困难，必须通过引进先进的设施设备，提升果园生产管理水平，造成果园投入成本增加。目前，果园生产的有机农产品在江津本地有一定的知名度，拥有一部分固定的消费群体，也通过抖音、视频号等短视频平台宣传果园的主要做法和产品，采取果树认购、采摘等方式进行产品销售，但在全市乃至全国范围内，果园农产品的知晓度仍然较低，销售平台不多，销售渠道较窄，这些在一定程度上限制了发展。

农场始终以“做最安全、健康的农产品”为初心，紧紧围绕江津区区域农业特色产业发展，引进卡拉卡拉红肉脐橙品种，坚持走有机生态农业发展道路，从小而精做起，打造集规模种植、采摘、观光旅游于一体的生态园，带动周边农民、农业企业和江津柑橘产业全面发展。

三、做法模式

1. 残次果回收利用 由于特殊的气候特征和果品把控，每到柑橘收获季节，果园会产生大量的残次果废弃物，农场将残次果进行回收，经过处理后循环利用。一是将残次果与红糖等按照一定配比，自主研制酵素用于病虫害防治和土壤营养改良，具有较好的防治病虫害、抵御高温干旱、活化土壤等效果。二是将部分次果进行切片、烘烤，制作成香橙片，受到采摘顾客的喜爱，增加果园收入，提升其附加值。

益生菌和自制酵素

2. 回收利用农业废弃物　农场与其他企业达成合作，将羊粪、菌包、农作物秸秆、油饼等通过新引进的微生物水肥一体化发酵设备加工处理，处理后的有机肥施用于果园，改良果园土壤环境，提升果品品质。同时，减少了商品有机肥的用量。发酵后的有机液肥，通过管道喷施，可以大大减少人工成本，提质增效明显。还将使用后的农药包装废弃物进行回收，交由当地全程社会化服务回收网点进行统一处理，有效防止农药包装废弃物产生污染，保护周边生态环境。

3. “三新”配套技术　农场严格按照重庆市农业科学院测土配方技术，进行测土配方施肥，优化施肥方式，调整施肥结构，多途径替代化肥投入，提高施肥专业化、智能化、绿色化水平。使用机械开沟施用生物有机肥、轮番种植绿肥、废弃秸秆综合利用发酵液肥，无人机喷施叶面肥等技术。

无人机喷施作业

4. 果园生草技术　果树下轮番种植油菜、三叶草、苕子、烟草等，提升果园生物多样性，培肥土壤地力，减少病虫害和水土流失。

林下花带、三叶草

5. 病虫害绿色防控技术　农场全部采用人工除草，杜绝使用除草剂，每年人工除草 4 次以上。病虫害防治方面，坚持施用生物制剂农药，杜绝施用化学农药。同时，通过安装太阳能杀虫灯、悬挂粘虫板、诱捕器等进行病虫害防治，目前已安装太阳能杀虫灯 20 盏，年悬挂粘虫板 0.9 万张，安装诱捕器 400 只。

6. 科技装备应用　果园里安装巡视系统、慢直播系统，向客户展示认领果树实时生长、生产管理等情况，开展线上互动等活动。配有水肥一体化设备，为科学施肥，减少化肥农药用量提供基础保障。建有冷藏库房 270 平方米，年存储农产品 30 吨。购置有机废弃物水肥一体化发酵设备，用于自主发酵有机肥，减少商品有机肥用量达 35 吨，提高土壤有机质含量。安装自动弥雾施药系统，提升农药使用效率和减少人工以及气候对施药的影响。安装杨梅避雨防虫设施，起到避雨、防虫、防蝇、防鸟的作用，为顾客提供高品质的生态杨梅，吸引周边大量顾客。

弥雾系统

杨梅避雨防虫设施

7. 积极争取合作支持

（1）加强技术交流合作。西南大学柑桔研究所、重庆市农业科学院等高校和科研院所的专家常年为基地提供技术支持，农场生产的卡拉卡拉红肉脐橙得到华中农业大学国家柑橘体系首席科学家伊华林教授的高度赞誉。

（2）积极争取政策支持。近年来，农场争取到有机肥替代化肥、化肥减量“三新”配套技术、绿色防控等项目支持，不断提升和完善果园基础设施设备和优化生产管理措施，为果园可持续发展夯实基础。

四、综合效益

1. 经济效益 农场探索“私人订制”果树销售模式，每年顾客认领果树 300 余棵。通过互联网打造农场的电商销售平台“环湖优选”，实现线上销售，给全国客户提供网上购买便利，2023 年，农场总收益 230 万元，净利润 96 万元。

2. 生态效益 通过一系列农业清洁生产技术措施的应用，果园有机肥替代率 100%，化学农药用量为零，生物制剂农药减少比例 65%，有机废弃物资源化利用率达到 90%以上，蝴蝶、蜜蜂、蚯蚓等随处可见。

3. 社会效益 农场与周边省市农业企业、科研院校等开展交流活动，为当地农户开展柑橘、花椒、水产、蔬菜等培训工作，带领当地 300 余户农户实现增产增收。

剑阁三分田农业有限公司

一、基本情况

剑阁三分田农业有限公司成立于2017年，注册资金1 000万元，位于广元市剑阁县，是中农标准科技有限公司旗下的全资子公司。农场立足云、贵、川、渝及国内优质农产品产区，通过自建、共建、合作等方式，建设特色果蔬科研、繁育、示范种植生产基地。以科技力量为支撑、以品控标准为指导，采用设施农业，通过标准化、安全化、品质化示范种植，引领带动当地农民进行规模适度化、产品安全化、品质标准化生产，并依靠自身渠道优势进行农产品销售。

农场坚持"品种、品牌、品质"，以"农产品标准化生产及服务"为企业核心定位，建成特色果蔬种植科技示范基地共1 200余亩，主要种植阳光玫瑰葡萄和金秋砂糖橘，并注册翠雲四季、番乐多等商标。阳光玫瑰葡萄种植基地位于汉阳镇云丰村，目前投入种植110亩，年产量10万千克，销售额约300万元。金秋砂糖橘投入种植900余亩，年产量30万千克，销售额约180万元。

葡萄基地与柑橘基地

二、经营理念

农场以"安全农业、绿色农业、健康农业"为标准，致力于发展自然、生态、可持续农业。农场推崇"传统、生态"农业生产方式，引领农民回归自然、生态生产，通过现代科学技术和管理手段改良土壤，保护生态环境，在农产品质量认证标准基础之上，建立品控标准体系、产品溯源体系，在生产中严控化肥、农药、生长调节剂等投入品的使用。通过生产环境管控、生产过程管控、产品品质管控，从源头到终端严控农产品品质，确保农产品安全。

农场种植产品

三、做法模式

1. 绿色生产与生态保护 农场大力发展绿色、生态、安全的蔬果种植，广泛推行绿色低碳生产。一是棚内外杂草堆沤积肥，通过微生物腐熟发酵，将有机物分解转化为植物可利用的小分子物质，制作成肥料。二是为减轻污染，将作物枝条全部粉碎还田，既能增加土壤有机质含量、改善土壤理化性状，又能返还土壤养分、节省肥料用量，同时覆盖还田还能抑制杂草生长。三是采用次果发酵，将园区内的落果、次果、烂果收集，加入糖和水，装入密封发酵桶，经厌氧发酵后产生棕色液体肥料。四是柑橘园区间作套种大豆，大豆是养地作物，可以固氮，种植大豆能显著增强土壤肥力，减少肥料用量，还能抑制杂草，减轻病虫害。五是每年投入大量有机牛羊粪改良土壤性质，牛羊粪是优质的有机肥料，能够为农田提供全面有效的养分，在促进作物生长、提高作物产量和品质、改良土壤等方面具有重要作用。六是采用粘虫板、粘虫球等措施杀虫，有效减少虫口密度，避免农药残留和害虫抗药性产生，棚内使用诱虫灯引诱和捕杀害虫。

粘虫板、粘虫球

2. 科学管理与创新发展

（1）创新精准帮扶模式。采用“龙头企业＋基地＋农户”的产业化经营模式，通过股份合作利益联结带动农户，农户直接参股企业，由企业按股份比例给予股权分红。农场与农户形成风险共担、利益共享的共同体，有效促进了特色果蔬产业健康可持续发展，带动农民持续增收致富。

（2）推广绿色高效栽培技术。建有果蔬繁育示范区、果蔬大棚种植示范区，通过大力示范推广特色果蔬标准化绿色高效栽培新技术，减少农药化肥用量，减轻生态系统污染。

（3）加强现代农业配套设施建设。建设果蔬分拣中心、农残检测室、智能冷库、智能温室大棚、智能物联网系统、水肥一体化滴灌喷灌系统等现代化农业配套设施。

智能温室

（4）打造高效团队。2017 年成立专家智库团队，智库成员共 13 人，其中教授/研究员 11 人，副教授/副研究员 2 人，包括长期从事葡萄、柑橘研究的专家，以及农业生态环境领域的专家。通过引进优质新品种、指导农场标准化生产、农户技术培训等方式推动农场高质量发展，带动农户增产增收。

四、综合效益

1. 经济效益 截至 2023 年末，农场投入资金 4 300 万元，销售收入 60 172万元、缴纳税款 102 万元、科研经费 95 万元、支付土地流转费及股权分红 120 万元，累计发放工资 1 272 万元。

2. 生态效益 农场采用堆沤积肥的方式将杂草进行微生物腐熟发酵制作成肥料，将作物枝条粉碎还田，既能减轻污染，又能增加土壤有机质含量，返还土壤养分。同时将落果、残次果等中加入糖和水进行厌氧发酵产生棕色液体肥料，供给种植使用，做到化肥零投入。采用粘虫板、粘虫球等物理措施杀虫，减少农药用量。

3. 社会效益 农场采用“企业＋基地＋农户”的农业产业化发展经营合作模式，以解决本地农民就业为己任，将当地农民就地转化为企业员工，解决当地劳动力固定就业 80 余人。同时季节性用工达 180 人，创造了更多就业机会，直接带动了 1 500 余户农户致富增收，人均增收 1 500 元以上。

贵州印之谷农业有限公司

一、基本情况

贵州印之谷农业有限公司成立于2017年，注册资金500万元，是一家集水稻种植、生产加工、仓储、贸易流通于一体的企业。农场创立之初，与遵义市余庆县大乌江镇凉风村6个村民组的257户村民签订协议，流转约1 000亩耕地进行稻米种植，并注册了“石印”大米商标，年总产稻谷360吨，稻米产值达500余万元。总面积2 000余亩，分为种植、土地储备、办公和加工、有机肥制作及畜禽圈舍等功能区。种植面积1 000亩，以水稻为主，年产水稻300～400吨，稻田鸭3 000只放养于其中。办公和加工区域面积3 200平方米，主要用于管理、稻米加工、储存，拥有年产5 000吨的大米专用加工生产线。有机肥制作及畜禽圈舍面积1 320平方米，计划建设年产有机肥5 000吨的生产线。

农场鸟瞰图

水稻种植

二、经营理念

农场以种植、加工、销售稻米为发展目标，倡导绿色干净农作物种植方法，减少化肥农药用量，通过秸秆还田以及大量施用有机肥打造一个绿色循环农业生态示范园。以建设和美乡村为使命，打造一个集种植、加工、销售于一体的新型农业示范点，农旅观光研学一体化的示范园。

2021年，农场为确保有机大米质量，取信于消费者，在基地生产、管理、仓储、销售环节均实现了网络化、数字化，并在加工环节实现了智能化。农场已实现了从传统粮食企业向现代化粮食企业转变，新建了2条日烘干12吨的烘干线，并与余庆县江北农机专业合作社合作，解决了农机装备不足的问题，确保有机稻基地从人工种植向机械化种植转变，降低稻米的种植成本，提高种植效率。

三、做法模式

1. 施用有机肥 自制有机肥，杜绝化肥的施用。农场利用外购的油饼、牛粪、秸秆等制作堆肥。采用种植育肥模式，即一季水稻、一季绿肥种植以保持土地肥力，增加土壤有机质含量。有机稻基地环境条件不同，维护基地环境质量的技术措施也相应不同。为此，农场制定了企业标准——《有机稻谷生产技术规程》。

秸秆还田

2. 水稻＋紫云英、水稻＋油菜、稻＋鸭模式 农场所有土地一年只种一季水稻，采用水稻＋紫云英或水稻＋油菜轮作生产。收购农户散养牛的牛粪，与稻草、粗糠及菜籽饼混合发酵，制作有机肥用于水稻追肥，每年秋收时的稻草粉碎后还田，增加土壤的有机质含量。

水稻＋紫云英、水稻＋油菜轮作

采用稻＋鸭种养模式，选用当地的麻鸭，在插完秧后 10 天左右把鸭子放养在田里，直到水稻灌浆后收回鸭子上市，鸭子可除草、吃虫，鸭粪还可肥田。当地的麻鸭个头不大，但活泼好动，除草能力很强。此外，每年都要人工除草 2 次以上，除草的同时也翻松耕地促进了秧苗根系生长。

稻+鸭种养模式

3. 科学防控病虫害 种植有机水稻的关键是病虫害科学防控，通过提前预防病虫害，给水稻穿上“防护服”，尽可能让病虫害少发生。通过种子处理、物理与生物诱控、安全用药、“一喷多促”、统防统治五步操作，提高了病虫害防控效果。一是种子处理，采用1%石灰水浸种，前移病虫害防控关口，从源头防病治虫。二是物理与生物诱控，在田间安装太阳能捕虫器、高空杀虫灯、性诱器、多功能诱捕器，诱杀稻纵卷叶螟、稻飞虱、二化螟等水稻主要虫害，降低虫口基数。三是安全用药，防治稻飞虱主要使用苦参碱、金龟子绿僵菌，防治稻纵卷叶螟、二化螟优先选用苏云金杆菌、金龟子绿僵菌、短隐杆菌，防治病害主要使用枯草芽孢杆菌、氨基寡糖素等。病虫害发生程度较轻时，选用登记作物为水稻的符合国家有机标准的植物源、微生物源农药等生物制剂提前预防，发挥持续控害作用。四是“一喷多促”，开展病虫防治时，混合喷施氨基酸水溶肥、免疫诱抗剂等与生物农药，可促进水稻生长、提高水稻的抗逆性和产量。五是统防统治，采用高工效低容量喷雾器或植保无人机实施统防统治，精准施药，提高生物农药利用率。

杀虫灯、性诱器

4. 科技装备应用 由于石印有机水稻基地是山地梯田，机械化程度不高，每年的机械收割只能达到 50%，机收水稻用烘干机烘干，剩下的水稻都要靠人工收割，人工收割的稻谷主要在晾席上晾晒脱水。农场建设了一条有机大米加工生产线。购置了组合式米机 1 台，碾米机 1 台、分级筛 2 台、色选机 2 台、包装机 1 台、低速提升机 8 台、低速塑料畚斗提升机 8 台，仓储能力 1 000 吨，建成有机大米加工生产线，年加工能力达 5 000 吨。

大米加工

四、综合效益

1. 经济效益 2023 年，农场总产值达 500 万元，生产成本约 400 万元，利润达 100 万元。

2. 生态效益 农场环境优美，土地肥沃，已成为余庆县的美丽乡村示范样板，年接待观摩考察 60 余批次，年接待观摩考察旅游人员达 1 000 余人。

3. 社会效益 农场注重农文旅融合发展，充分挖掘石印文化，讲好石印故事，带动乡村旅游协同发展。基地共有农户 257 户，农户年收入总计达 200 万元，户均年收入 7 500 元。

普洱祖祥高山茶园有限公司

一、基本情况

普洱祖祥高山茶园有限公司创办于2006年4月，注册资金3 000万元，坐落于普洱市思茅区南屏镇整碗村，是一家集茶叶种植管理、鲜叶收购、成品加工、销售服务、进出口贸易于一体的民营企业，主要从事有机茶的生产、研发和销售。产品涵盖绿茶、白茶、黄茶、红茶、生普、熟普六大品类，包含极致典藏装、轻奢礼品装、素雅伴手礼、便携旅行装、实惠口粮茶五大产品系列。农场已建成茶园12 000亩，建成良好生产规范（GMP）标准厂房8 000多平方米，年加工产能4 500吨。自2010年起，祖祥基地、工厂、产品全部通过欧盟、美国、日本、中国有机认证，随后又通过了ISO 9001：2015质量管理体系认证、危害分析与关键控制点（HACCP）体系、雨林联盟认证（Rainforest Alliance™）等多项国内外质量认证，建立了从鲜叶原料到成品茶生产的全流程质量控制体系。

农场鸟瞰图

二、经营理念

发展思路：一是加大企业品牌建设力度，全力打造生态品牌，加大各类产品的推广和品牌宣传力度，逐步树立“祖祥”品牌形象。二是提升茶叶加工水平，根据现有产业基础及市场要求，进一步加大茶叶加工的清洁化、标准化改造，提高产品质量和市场竞争力。三是加大生态茶园建设，农场推广茶叶生态种植，坚持不施用农药化肥，引导周边村民提高生态保护意识；以产业建设项目为契机，打造标准化茶叶示范基地和高标准、高质量改造茶园示范基地。四是完善电子商务服务平台，加大对于电子商务平台的运营投入，加强人员、设备、物流的合作与开发，加强与抖音、天猫、京东等平台合作。

三、做法模式

1. 坚持绿色防控 农场采用粘虫板、太阳能防虫灯、电蚊拍等物理防治措施，充分利用害虫的趋光、趋色等特性消灭害虫。以防为主，农场全程采用生物防控技术结合人工捕捉害虫。

物理防治措施

2. 生态化施肥 农场选用羊粪作为主要肥料来源，通过自建有机肥厂，保证有机肥产品质量。茶园采取深耕施肥，种豆养肥，每年深翻两次。农场与科研单位合作承担科技专项，研究绿肥、茶鹅共生等高效种植模式以及破解产业发展技术瓶颈。

绿肥种植、茶鹅共生

3. **生态多样性保护** 在茶园种植香樟树、木姜子等 8～10 种树，恢复茶园生物多样性，降低虫害发生概率。养茶园鸡、种树引鸟、引存蜘蛛，种植灌木建立隔离带，控制茶园病虫害。

4. **打造智慧茶园** 农场搭建祖祥茶业 5G 智慧茶园＋云上工厂项目/5G＋智慧农业系统，设计“1＋1＋N”的智能体系，即 1 张 5G 定制网、1 个统一平台、N 个 5G 应用场景，以数据驱动为导向，采用“物联网＋大数据＋人工智能”的传接纽带，构建新型智慧企业。通过 5G 实现茶园环境数据监测、茶园病虫害监控、茶园生长、工作流程管理，实现种植过程信息化。通过订单、生产、化验、收新、产品溯源、仓储等管理，实现生产过程信息化。通过设备管理、能源管理、智能仓库管理、审批流程管理、文档管理、人员考核管理、绩效管理等，实现管理过程信息化。通过预热设备改造、压制设备改造、晒青蓬改造、生产数据采集、检验数据采集、仓库数据采集、自动化改造等实现数据采集信息化。通过茶叶分级评价体系建设、数据指导生产、数据优化生产、数据自动分析模拟大师炒茶、智能分析茶叶品类销售趋势、智能分析原材料收成等，打造智慧大脑指导决策。

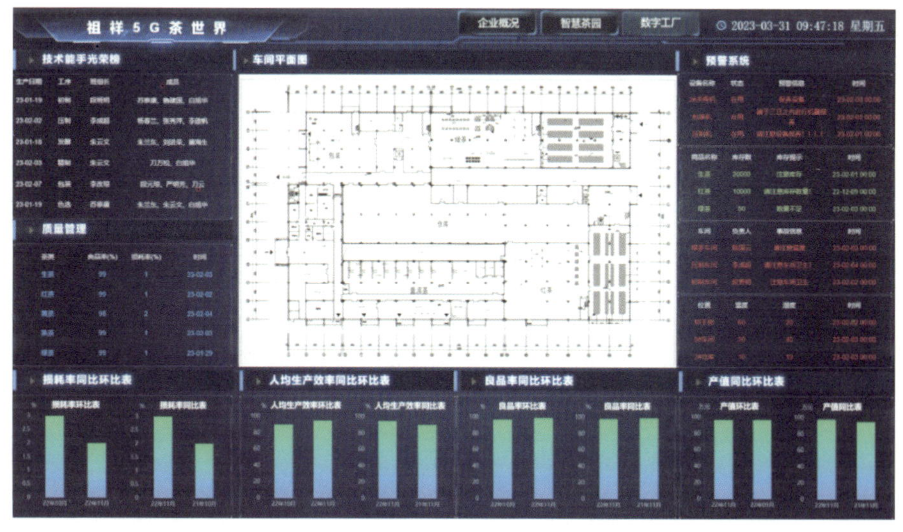

智慧茶园操作平台

5. **三产融合** 实施茶旅融合发展。2022 年依托祖祥有机茶庄园，引进合作伙伴，创建了普洱祖祥万亩生态茶庄园景区。建成集生态茶园、智慧茶厂、休闲茶旅、茶山运动、森林碳汇、健康乡居于一体，一二三产业深度融合的乡村振兴示范区。

茶园景色

四、综合效益

1. **经济效益** 农场每亩茶园年投入约 8 073 元，年收益约 12 800 元，年利润约 4 700 元。实行“公司＋基地＋合作社＋农户”的经营形式，形成企业增效、茶农增收的共赢发展机制，农户茶园产值达到 8 000 元/亩，比入社前增收 1 500～2 000 元/亩。社员入社前户均纯收入 2.4 万元，入社后户均纯收入 3.6 万元，其中种植大户每年种茶收入达 10 万～15 万元。

2. **生态效益** 农场通过绿色防控技术，减少病虫害发生，从而减少化肥和农药施用，每年对茶园的水、土壤、空气进行检测，对鲜茶、成品茶进行检测。为了保证茶叶质量，定期邀请中国农业大学、云南农业大学等院校专家授课，传授专业技术，尤其是有机肥发酵、病虫害绿色防控等方面的先进技术。

3. **社会效益** 农场招聘了普洱市山区的 133 户茶农，共 500 多人，专门进行农场的茶园管理，为农场持续发展奠定基础。

养殖型案例

东北地区

大连棒棰岛海参发展有限公司

一、基本情况

大连棒棰岛海参发展有限公司成立于2001年，注册资金4 600万元，位于大连市金普新区大李家街道城子村，主营业务包括刺参原种保护、良种选育、苗种繁育以及底播增殖。农场总面积14 542.83亩，陆上有苗种繁育场1.5万立方米水体，亲本保存池1 000立方米水体。通过实施“公司＋原种场＋养殖户”的产业化模式，向刺参养殖户供应大量刺参亲本、苗种和幼体。2020年以来，原种场累计繁育生产大规格刺参苗种约16 462万头。农场还利用10 000亩自有海域开展底播增殖业务，年平均收获鲜活海参达15万千克以上。为了深入挖掘海参文化，公司投资建设了集科普、旅游、海参文化宣传于一体的科普走廊，吸引了大批游客参观，旅游旺季科普基地日接待游客达200多人。

农场鸟瞰图

2016年，农场牵头组建国家刺参产业科技创新联盟，与各科研机构和高校建立广泛合作，成立由国内养殖、加工和食品安全领域权威专家组成的“海参专家委员会”。目前，农场已获得授权的专利共有28项，其中发明专利5项，实用新型专利23项。2003年以来，农场生产的即食海参、鲜海参、淡干辽参等产品已通过有机产品、绿色食品认证。2005年，农场所管理的原种场被农业部第一批认定为“水产健康养殖示范场”。2011 年，农场成为首家获准使用“辽参”地理标志证明商标的企业。2019 年，农场育苗场、养殖场和加工厂通过 GAA（全球水产养殖联盟），成为 BAP（最佳水产养殖规范）认证的海参企业。

二、经营理念

大连市地处我国北温带，濒临黄、渤两海，光照充足，饵料丰富，是全球公认的北纬 39 度海珍品黄金生长带。棒棰岛生态农场管理的国家级刺参原种场核心保护区是大连海参（辽参）的传统栖息地，种群资源丰厚，刺参皮厚刺长，个体肥大，皮参出成率高。多年来，大连国家级刺参原种场为我国辽刺参优质种质资源保存和开发利用提供了强有力的支持。依托国家级刺参原种场的资源禀赋和技术优势，农场实施了“公司＋原种场＋养殖户”的战略发展模式，构建起了苗种供应、分散养殖、集中收购的产业融合体系。与养殖户的利益联结主要采取协议合作与订单采购两种模式。未来农场将紧紧围绕低碳、绿色的产业发展方向，通过强化环保理念，转变发展方式，推广刺参生态技术，推动刺参产业高质量发展。

三、做法模式

1. 玻璃钢裱糊池壁抑菌技术 海参育苗保苗生产中，经常受到微生物（杂菌）侵入，影响海参正常生长，甚至导致病害发生。传统育苗池通常是以水泥罩面，经海水长期侵蚀，水泥池壁会形成密集的孔洞，成为各种细菌滋生的温床。农场经过数年反复试验，终于研发出玻璃钢裱糊池壁抑菌技术。玻璃钢裱糊池壁光滑耐腐蚀，可以有效抑制杂菌侵入。这项技术的应用，节省了消毒剂，尤其是发生病害时，避免了使用抗生素、化学合成药品等对生物以及水质造成不利影响，同时，也为养殖尾水经过滤处理后循环使用提供了水质保障。

玻璃钢裱糊池和网箱育苗

2. 生态网箱绿色育苗技术 农场积极探索绿色健康养殖技术和生产方式，

把一种利用室外网箱刺参苗种规模化生态培育方法的专利和一种池塘培育刺参幼苗的小网箱的专利，无偿向养殖户公开，积极推广应用，改变了我国北方海域传统刺参育苗生产方式。在缩短生产周期的同时，提高了苗种的抗逆性和存活率，生态育苗环境效益显著。将刺参耳状幼体直接移入网箱室外保苗，不仅节省了供热、用电、用水等能耗，还减少了室内养殖尾水排放，避免了各类投入品污染海域。

3. 养殖水循环利用 农场所属陆地及海域周边 10 千米以内没有石化、农药企业等污染源。海区无大量淡水注入，盐度 30～32，海水温度 1～25 ℃。农场 15 000 立方米水体的海参育苗场使用的海水，符合《渔业水质标准》(GB 11607)。为节约水资源，农场建设了 30 万立方米水体的净水圈，使养殖用水得以循环利用。海水经无阀滤池过滤后进入育苗车间，用于育苗保苗。倒池换水时，排水进入养殖尾水综合处理系统。在收集池内经物理过滤、絮凝沉淀、生物净化及紫外和臭氧杀菌消毒综合处理后，再排入净水圈。经过生态塘进一步生物净化后，循环利用，不排入外海。

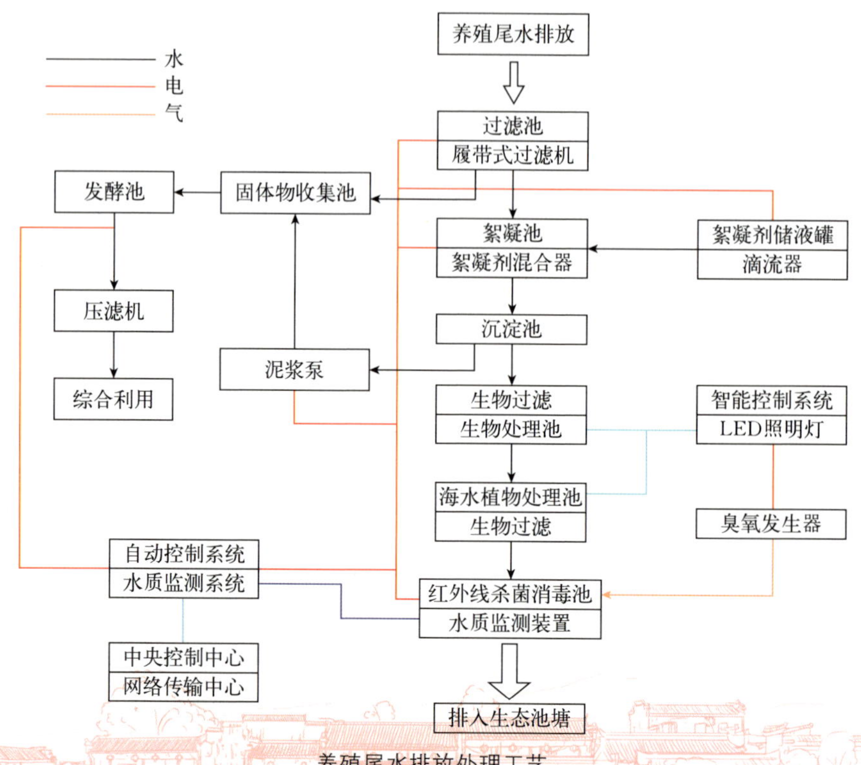

养殖尾水排放处理工艺

4. 生态塘净化水质 育苗室倒池换水时，会有海参排泄物及残饵随着养殖尾水一同排出。为确保循环养殖用水的质量，农场建设了养殖尾水综合处理系统，以物理过滤、生物处理及杀菌消毒为主要处理手段，综合处理后，水质符合标准要求，可以循环使用。养殖尾水首先经过物理过滤单元，采用履带式过滤机，将过滤的颗粒物质推入收集池中，颗粒物（沉积物）积累到一定数量，集中进行压滤，然后运至第三方有资质的专业机构进行无害化处理。在养殖尾水生物处理单元，利用 LED（发光二极管）灯为辅助光源，培植生物工程藻，工程藻适宜温度为 12～18 ℃，每小时每千克藻类可去除氨类物质 0.5 克，再经过臭氧杀菌，养殖尾水进入净水圈。

净水圈中有针对性地养殖大量水生动植物，有刺参、海胆等棘皮类，有鲍鱼、扇贝、牡蛎等滤食性动物，还有海带、裙带等藻类。这些海洋生物习性不同、作用各异、相互依赖、和谐共生，构建起一个相对稳定的池塘生态系统，也就是“生态塘”效应。生态塘打造了完整的食物链，光合作用有利于藻类生长，底泥中的单细胞藻类（主要是底栖硅藻）、大型藻类碎片和腐殖质又成为海参、海胆的饵料。同时，利用藻类的吸收、富集和降解作用，可有效去除养殖尾水中的重金属和营养盐，还能降解多种有机毒物。另外，贝类作为滤食性动物对净化水质也起着至关重要的作用。生态塘水质符合《海水池塘水排放要求》（SC/T 9103）的规定。

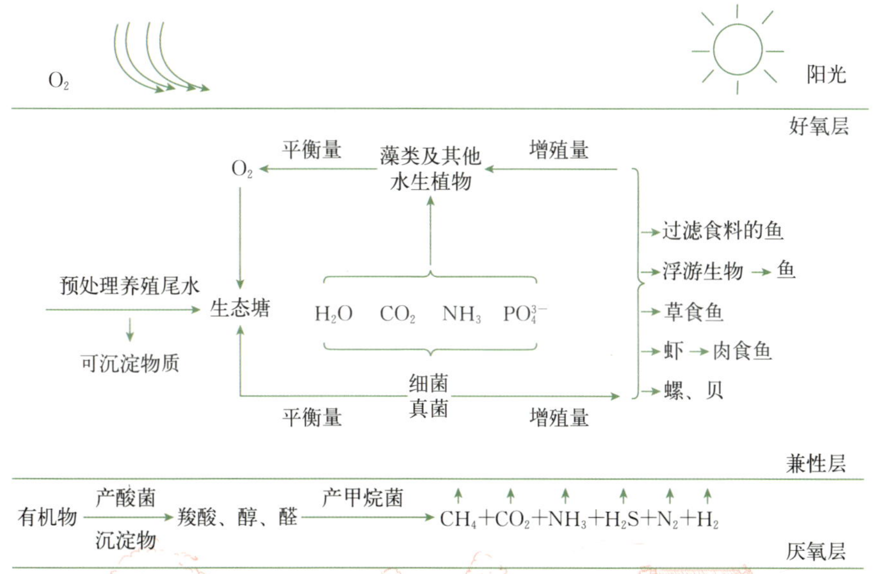

生态塘工作原理

5. **注重生态保持** 农场生态用地面积占比为 12.4%，除用于生产的育苗车间、锅炉房及道路等占地外，结合沿海地区的气候特点，种植了大量银杏树、梧桐树等木本植物，对防风固沙、水土保持起到了重要作用。此外，农场于 2016 年主动实施“煤改气”项目，将燃煤锅炉升级为 3 台 6 吨燃气锅炉，并建设 LNG（液化天然气）存储与供气设施。燃气锅炉的使用，大幅减少氮氧化物、二氧化硫、烟尘等污染物的排放，大气质量明显得到改善。

6. 建造生态海洋牧场 农场根据增殖海域的具体情况，有选择地对适宜建造人工鱼礁的海底投放人工鱼礁以改造海底。且在叶藻和大型藻类缺乏或者不足的自然增殖海区投放裙带菜孢子叶，营造海底藻场，改善海底环境条件。海洋牧场水流适中，潮流通畅，水中氧、盐含量丰富，水质清洁无污染。海域内海参、鱼、蟹、贝等海洋生物种类齐全，生物群落组成多样。

四、综合效益

1. 经济效益 农场充分发挥国家级刺参原种场天然种群资源优势，通过迭代选育，提纯复壮，不断强化种苗繁育体系。农场年收获成品鲜参 350 吨，按平均每吨 24 万元计算，总收入约 8 400 万元。每年获得政府补贴 44.53 万元，其中养殖渔船燃油补贴 21.31 万元、高新技术企业补助经费 20 万元、以工代训困难企业补助 3.22 万元。

2. 生态效益 农场通过建设养殖尾水综合处理系统，使养殖尾水通过物理、生物处理方法后可以循环利用。采用玻璃钢裱糊池壁抑菌技术，有效抑制杂菌侵入；采用海参底播增殖技术，提高海参品质，同时扩展养殖品种，提高农场所在海域的生物多样性，提高海洋生物资源量。

3. 社会效益 农场以“公司＋原种场＋养殖户”发展模式，带动了 4 200 多家养殖户共同致富，涉及辽宁省丹东市、盘锦市、锦州市和葫芦岛市，以及大连市的长海县、庄河市、普兰店区、瓦房店市等地。

华 北 地 区

北京中科天利水产科技有限公司

一、基本情况

北京中科天利水产科技有限公司成立于2014年，注册资金3 333万元，位于北京市房山区石楼镇吉羊村。农场占地面积418亩，主要业务为水产养殖技术研发，鲟鱼、鲈鱼等特种鱼繁殖育种，鱼品工厂化养殖、净化技术，鱼品加工等。农场是目前北京最大的水产养殖基地和国家鲟鱼种鱼中心，配备有完善的生产设施。已建成露天生态养殖池110亩，生态循环养殖池10亩（10个鱼池），全封闭式恒温育苗仓28套（养殖水体200立方米），陆基双循环水育苗及养成系统14亩（12套系统，养殖水体3 800立方米），健康渔品储运车间8 000平方米（88个鱼池，养殖水体5 300立方米），全封闭循环净化车间4 800平方米（12个鱼池，养殖水体3 200立方米），名特优苗种繁育车间500平方米，加工车间1 000平方米，共计12 500立方米工厂化养殖水体。主要养殖鲟鱼、鲈鱼、鳜鱼、香鱼等苗种及成品鱼，年产苗种5 000万尾，放心鱼100万千克，放心鱼流通1 500万千克。

农场规划示意图

二、经营理念

农场与中国水产科学研究院渔业工程研究所、黑龙江水产研究所等科研机构形成战略合作，建立企业种质资源“育、繁、推”中心。投入2 500万元对传统的繁育、培育车间进行升级改造，改造成为全封闭式循环水养殖车间，改善育种条件，提升育繁推一体化能力，采用现代升降温设施，取代传统的燃煤温控，减轻环境污染。改造传统养殖模式，加入循环水处理设备、恒温设备等实现设施化养殖，提高养殖成活率，提高产能，降低养殖环境风险。农场依托中国电力，在养殖场房屋顶铺设光伏发电设备，供给养殖使用，降低50%能源成本。加强产业数字化建设，养殖端通过物联网的植入，可随时掌握养殖过程的参数及数据，大大提高了养殖效率。此外，引入阿米巴管理模式，搭建平台，吸引技术人才，推动行业创新，形成良性发展。

三、做法模式

1. 循环养殖模式 在稻田周边建设环沟，环沟中种植沉水植物菹草、浮水植物水葫芦等；设置生物膜，用来吸收水中营养素和吸附水中有害物质，与池塘形成一个闭合的良性生态循环系统。加入循环水处理设备、恒温设备、消毒杀菌设备、液氧设备等，全面实现设施化养殖，通过对养殖尾水进行物理过滤、生物净化、杀菌消毒、脱气增氧等一系列处理后，将养殖尾水中的有害固体物质、悬浮物、可溶性物质和气体从水体中排出或无害化处理，并补充溶氧，使养殖尾水达到排放标准，用作种植水稻等作物的肥料。

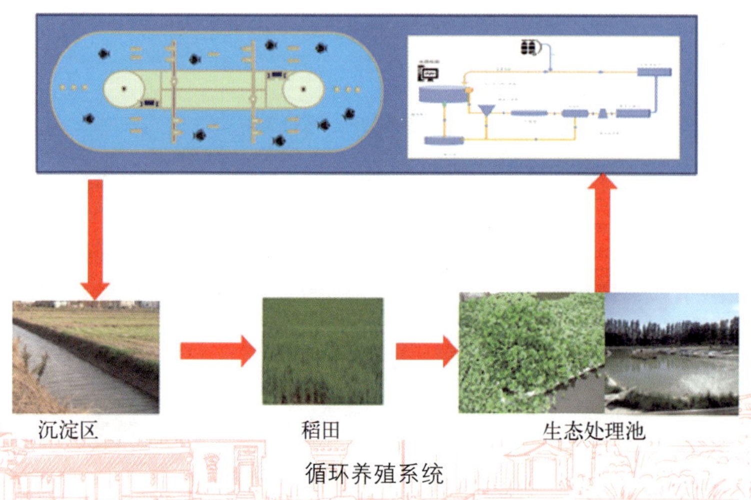

循环养殖系统

工厂化养殖

循环水处理系统

2. 生态技术应用 农场养殖使用的药物主要为微生物制剂，菌种主要为乳杆菌、酵母菌、EM 菌等。乳杆菌通过分泌乳酸调节肠道 pH，抑制病原菌，促进有益菌群生长。酵母菌具有提高食欲和消化能力、产生营养物质的作用。EM 菌能有效整合微生物群，综合多种菌株，具有很好的水质改善和促进生长效果。日常养殖过程中，利用日光暴晒、生石灰消毒等方式，对养殖池塘和养殖工具进行定期消毒。开展鲟鱼配合饲料替代幼杂鱼试验示范，养殖全程投喂鲟鱼专用饲料，饲料系数保持在 1.3 以内，配合饲料替代率 100%。养殖过程中制定入场卡扣检查措施，严格控制冰鲜鱼、幼杂鱼、鸡肠等肉食性饵料进入场区。

3. 科技装备应用 农场使用工厂化循环水养殖，养殖车间内所有设备均运用数字化控制系统，进行本地或远程操控。养殖节水率达到 95%以上，养殖水质稳定，溶氧稳定保持在 8 毫克/升以上，氨氮、亚硝酸盐等水质指标均在正常范围内。农场注重产业数字化，通过互联网平台，将上下游资源进行串联，甄别和筛选优质的供应商，精准对接市场需求，提高产品销售利润，为需求端提供品质优良的水产品。

4. 其他做法 通过构建“公司＋基地＋农户”的运行模式，将水产养殖、基地运行、农户整合到同一链条中，实现资源共享、风险共担、利益共赢。目前有合作农户 20 多户，农户养殖规模在 5～100 亩，由农户进行苗种养殖，养殖基地负责技术支持、苗种供应、饲料供应、养殖管理、产品销售等服务，养殖达到指定规格后由农场进行统一回收，每年可产出商品鱼 150 万千克。同时，基地与农户签订养殖合同，约定养殖品种、数量、质量标准、价格等，确保双方利益得到保障。农户方面，加入养殖基地可以获得稳定的技术支持和市场销售渠道，养殖成本和市场风险降低；同时，通过参与基地的养殖培训，可以学习到先进的养殖技术和管理经验，提高自身养殖水平和市场竞争力。

四、综合效益

1. 经济效益 种质资源方面，年保存核心亲本 3 000～5 000 条，后备亲本 2 万～2.5 万尾，选育群体 5 万～6 万尾。保存达氏鳇、施氏鲟、西伯利亚鲟、俄罗斯鲟、小体鲟、闪光鲟、匙吻鲟鱼 7 个品种。每年可提供 5 000 万～10 000 万尾鲟鱼水花，500 万尾以上大规格苗种。鲟鱼水花和大规格苗种年销售收入达 2 200 万～3 200 万元，亲本及后备亲本年销售收入约 400 万元，合计总收入 2 600 万～3 600 万元。成鱼养殖方面，每年养殖 250 万千克成鱼，产值约 1.5 亿元。

2. 生态效益 农场采用循环水养殖，实现了水资源高效循环利用。农场保持了种植作物和养殖品种的多样性，增加生物多样性，提升了生态服务功能。通过科学化、规模化、智能化养殖，提供安全健康的水产品，同时达到资源节约、环境友好的目的，推动渔业生态养殖持续发展。

3. 社会效益 农场具有种质资源优势，全年可提供约 1 000 万尾优质大规格鲟鱼苗种。公司从养殖户处收购 10 千克以上规格的鲟鱼，利用工厂化优势进行后期养殖，以及初加工鱼子酱，为鲟鱼养殖农户提供了稳定的销路和收益。

内蒙古富源牧业（赛罕）有限责任公司

一、基本情况

内蒙古富源牧业（赛罕）有限责任公司成立于2012年，注册资金2 500万元，位于内蒙古呼和浩特市赛罕区金河镇羊盖板村，是一家专注从事牧草种植、奶牛养殖、畜牧研究等一体化的牧业企业。牧场占地面积490亩，奶牛现存栏4 300头，每年为蒙牛集团供应生乳约3万吨，是赛罕区第一个大型奶牛养殖示范牧场。2014年以来，牧场陆续通过中国良好农业规范认证、ISO 9001体系认证、环境管理体系认证、质量管理体系认证等。

农场规划示意图

二、做法模式

1. 智能化牧场养殖 牧场采用TMR（全混合日粮）搅拌车进行机械化饲喂，泌乳牛卧床采用松软垫料，以提高奶牛舒适度。挤奶系统选用进口转盘式挤奶机及配套自动赶牛门，以确保牛奶质量，提高生产效率。配套建设固液分离设备进行粪污处理，采用自动清粪、固液分离、分级沉淀、资源化利用的先进工艺，牧场实现了数字化、智能化、信息化管理。

2. 畜禽粪污综合利用 牧场立足于“资源化循环利用”的目标，构建了一条“饲草种植-奶牛养殖-粪污处理-粪肥还田”的绿色循环产业链条。配套粪肥综合利用设施，将收集的泌乳牛粪便放入混合搅拌池进行固液分离。固体部分进行二次挤压，利用好氧堆肥技术将粪便做成卧床垫料，液体部分放进储存池，进行农田施肥，后备牛粪肥则用于蚯蚓场，实现了生产过程中再生能源的循环利用。

奶牛养殖

<table>
<tr><th colspan="5">牧场粪肥</th></tr>
<tr><td>粪肥分类</td><td colspan="3">泌乳牛粪肥
41 600吨</td><td>后备牛粪肥
17 960吨</td></tr>
<tr><td>固液分离</td><td colspan="2">固肥</td><td rowspan="2">液肥</td><td rowspan="2">粪肥出场</td></tr>
<tr><td>二次挤压</td><td>固肥</td><td>液肥</td></tr>
<tr><td>利用方式</td><td>堆肥发酵
卧床垫料
12 000吨</td><td colspan="2">农田施肥
29 600吨</td><td>蚯蚓场利用
17 960吨</td></tr>
</table>

粪肥利用情况

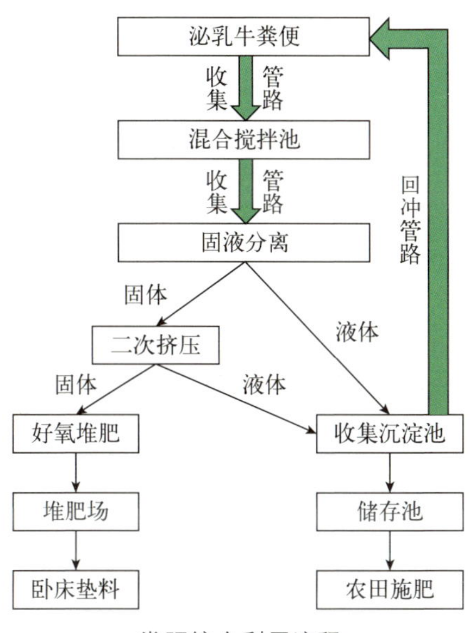

粪肥综合利用流程

3. 建立全过程追溯体系　建立全过程追溯体系，从原辅料入场，冻精、药品入场，水质、生乳检测到用药管理，实现一牛一处方，当日领料，当日出库、退库，达到“质量可监控、过程可追溯”的目标。疾病防控方面，采取以预防为主、治疗为辅的方式，建立高产高效的核心牛群，用药达到“0～2个疗程≤12月，0～4个疗程>12月”。

三、综合效益

经济效益方面，牧场销售收入11 000多万元，净利润达3 600多万元，且泌乳牛和成母牛单产持续增长。牧场每年带动农牧户1 000多户，通过订单合同＋土地流转＋就业＋服务协作模式提供就业岗位，带动当地农牧民增收致富。

华东地区

江苏诺亚方舟农业科技有限公司

一、基本情况

江苏诺亚方舟农业科技有限公司成立于2011年，注册资金2 303万元，总部位于常州市钟楼区现代农业产业园区，占地面积809亩，是一家集水产新品系选育、生态养殖、水产品深加工、产品销售及服务于一体的现代农业企业。

目前农场分区管理，包括养殖区（包括养殖池、生态净化池、清洗池、暂养池）、办公科研楼、种业中心、加工厂、打包场、仓储中心等。养殖区分为A、B、C、D 4个区，每区至少配置1个净化池，养殖种类包括河蟹、鳜鱼。具体包括养殖塘41个（约540亩），苗塘14个（约60亩），净化池4个（约60亩），暂养塘2个（暂养网箱500余个）。扣蟹苗种产量2.1万千克/年，优质商品蟹产量10万千克/年，鳜鱼产量1.2万千克/年。

农场鸟瞰图

农场依托博士后创新实践基地、江苏省研究生工作站，建立有独立的办公科研楼、种业中心，设立有水质分析、微生物检测、兽残检测实验室，专家室，博士后办公室等，专职研发人员11人，研发投入约200万元/年。与中国水产科学研究院淡水渔业研究中心、南京农业大学等建立科研合作，成功培育出新品种中华绒螯蟹“诺亚1号”，正在培育的“诺亚2号”河蟹新品系入选江苏省种业振兴项目。农场牵头组建大闸蟹产业供销联盟，作为江苏省河蟹产业技术体系钟楼推广示范基地、常州市科普教育基地、科普惠农服务站，年培训高素质农民300余人，接待大中小学生科普活动 100 余人次。

二、经营理念

良种选育是水产行业稳定发展的前提。国内河蟹良种目前仅有 6 个，良种覆盖率低，且存在种质来源混杂和种质退化等问题；野生种质资源状况不明，养殖周期长，育种指标单一；美洲鲥养殖条件特殊，种质严重退化；农场的养殖面积有限，一线操作员工年龄偏大；农场以养殖和销售为主，加工规模难以扩大，机械化、智能化设备覆盖度不够。

鉴于以上困境，农场以培育特色种业，打造绿色高品质水产品，带动农户增收致富为核心目标，提出“五链”融合驱动发展。一是“科技链”，自主培育“诺亚 1 号”河蟹新品种和“诺亚 2 号”早上市河蟹新品系，采用生物制剂替代渔药的防控措施，引入智能化生产设施，构建一套覆盖全产业链的标准化体系。二是“产业链”，开发保膏暂养技术，延长鲜活河蟹食用期；开发深加工产品，提高产品溢价能力和抗风险能力；拓宽线上线下销售渠道，通过新媒体平台宣传企业文化、产品特色等，将“文创＋非遗＋农产品”等多要素融合，提升品牌知名度。三是“生态链”，以水草养护、菌藻调控、生物原位净化技术为支撑，构建池塘微生态系统，实现池塘水质原位净化，提高河蟹产量与品质。四是“质量链”，融合企业资源计划（ERP）系统和农产品质量安全溯源系统，构建全方位可追溯的质量安全体系。五是“价值链”，组建大闸蟹产业供销联盟，汇集行业资源，建立会员数据库，通过担保授信、提供苗种/生产投入品/技术服务支持等形式，为农户的养殖生产、包销代销提供完整的支持方案，带动农户致富。

三、做法模式

1. 生态循环养殖 农场内部建立池塘循环水养殖体系，采用河蟹池塘生物原位修复技术，形成外源水→净化池→养殖池塘的水循环模式。在净化池中，底层投放螺蛳、栽种水草，中层投放滤食性鱼类，上层通过物理增氧设施、植物浮床，定期投放有益菌藻调控水质。外河水经过净化池净化，注入池塘供养殖使用，待蟹捕捞完成后，将养殖尾水重新注入净化池，经净化后重新注入池塘，实现池塘原位修复及水质循环利用，并对养殖尾水进行实时监测。养殖结束后，拔除塘内水草并交由园区内其他养鱼企业回收利用，提高水草利用率。

2. 生态技术应用 养殖前期将“诺亚 1 号”优质扣蟹苗种按规格投放，生长速度快、大规格率高。养殖过程中控制投放密度，精细化定制投喂，复合水草交叉栽种，采用 EM 菌、小球藻、丁酸梭菌等生物制剂定向调控，充分挖掘功能菌间协同作用，利用混合饲料及稀释泼洒等不同作用方式，外调水质，内调免疫。运用菌藻定向调控和生物原位修复技术，使水越养越清，蟹越养越大。养成的蟹大规格率达 60%以上（雄蟹 200 克以上，雌蟹 150 克以上），回捕率达 75%以上。病害防治方面采用生物防控，除养殖开始前池塘消毒外，全程未使用其他渔药，渔药使用成本降低 10%左右。养殖过程水质实施在线监测，水草未出现挂脏、腐烂等现象，为河蟹营造了良好的生长环境。

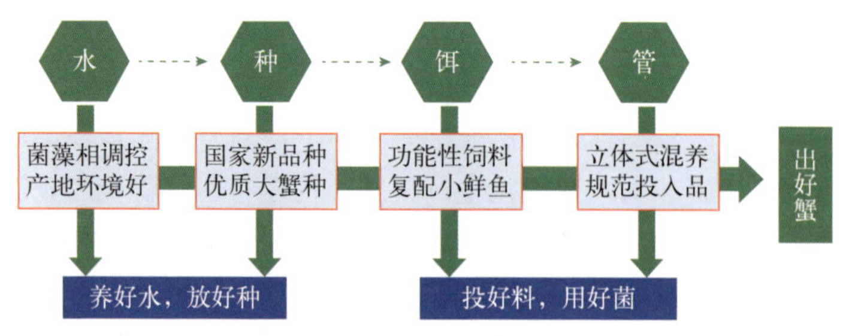

生态技术模式

3. 科技装备应用 农场引入农业机械化、智能化设备，以及信息管理与处理系统。进行水体环境实时监控、饵料精准投喂、无人机巡航、产品分级，以及大数据与溯源等数字化、信息化技术装备的示范应用。

生产阶段应用智能巡航投料装置、无人机装置，实现精准路径投喂、撒药、巡航功能，微孔增氧实现池塘增氧精准控制。智能化水质在线监测系统采用智能化水质在线监测装置，实时反映水质情况。自动疏草机则用于水草的刈割、收集和传送。在产品后处理阶段，采用自动检重机、自动覆膜机等自动化设施。管理与溯源阶段，自主探索优化 ERP 系统，加入农产品质量安全溯源系统，从苗种、养殖、投入品到产品检测、销售流向的全程可溯性。

智能化水质在线监测系统

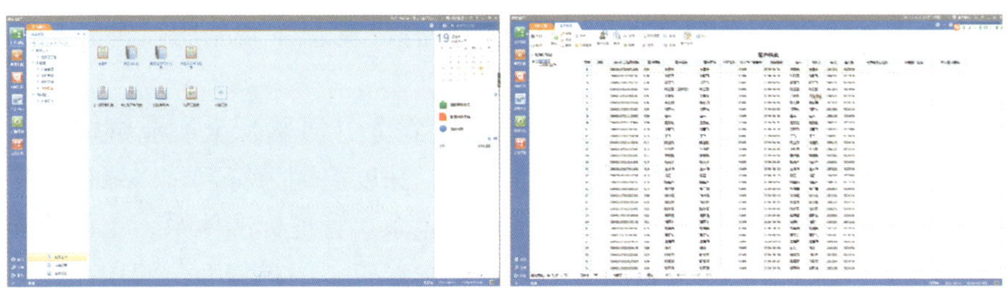

ERP 系统数据库

农产品质量安全溯源系统

4. **三产融合** 农场建立研产加销一体化经营模式。研发方面，与中国水产科学研究院淡水渔业研究中心、南京农业大学合作，创建种业中心，引进专家技术团队，引培结合，推进新品种与新技术研发、应用示范。第一产业方面，在盐城射阳建有苗种繁育基地、扣蟹培育基地、养殖基地。第二产业方面，农场建立加工厂，建成河蟹、小龙虾熟制品生产线 1 条，配套仓储冷库设施 2 个，开发鲜活河蟹、鮰鱼、罗氏沼虾、龙虾、醉蟹等熟制品，年产各种口味小龙虾、香辣蟹及醉蟹等水产预制菜产品 150 余吨。第三产业方面，拥有品牌策划与销售、技术服务团队，积极拓展出口业务范围，产品远销美国、阿联酋迪拜、韩国等 10 余个国家和地区。打造“新孟河”品牌，开拓国内中高端零售市场，与天猫、抖音、小米有品、网易严选、上海电视台、盒马鲜生、全家、东方甄选等 50 余家企业达成深入合作，销售渠道遍及电商、渠道分销、线下经销商、精品商超和高端餐饮酒店，通过媒体、自媒体、展会等开展品牌宣传，将产品价值、经营理念、企业文化和消费观念注入品牌，讲好品牌故事，提升产品知名度。

5. 标准化管理 农场打造了江苏省现代农业（河蟹）全产业链标准化基地，建立了以突出河蟹精准投喂、精准管控、深度追溯为特色，以绿色产品为导向的全产业链标准化体系，涵盖技术标准体系、管理标准体系、工作标准体系。从养殖环境、种质选育、苗种培育、成蟹养殖、饲料和渔药使用、病害防控、加工、包装、物流、尾水净化、废弃物处理等方面进行规范，将标准简化为生产流程、操作手册等，促进按标生产，目前标准覆盖面达 80%。

四、综合效益

1. 经济效益 年繁育优质“诺亚 1 号”大眼幼体苗种 1.5 万千克，“诺亚 1 号”推广面积达 46 万亩，利润达 9 400 万元。农场暂养塘通过保膏暂养技术，可实现 100 万元的收益。同时通过引入自动化、智能化养殖设备，亩产量提升 15%，年人工成本平均降低 20%，劳动效率提高 50%以上。ERP 系统优化后，建立合格供应商名录，饲料渔药保质期预警，养殖过程未发生过渔药、饲料过期现象。

2. 生态效益 建立全产业链追溯体系、产品评价体系，精准识别产品的潜在质量安全风险，建立自检自控计划，从源头把控，提升水质原位净化能力。农场构建的河蟹绿色发展全产业链标准化体系，实现了精准养殖，提高了饲料利用率，经过不断实践改进，应用于淮安盱眙、苏州阳澄湖、镇江扬中等多个河蟹池塘养殖基地，带动农户应用生物制剂面积达 5 260 亩，渔药投入成本降低 8%～10%。

3. 社会效益 依托产业供销联盟，通过技术创新、示范推广、产业带动等方式，提供生产、供销、信用服务，全力推动大闸蟹产业提档升级。积极吸纳会员 60 个，覆盖苗种繁育、养殖、农资、销售、品牌等领域，推进农商互联、产销衔接。构建“龙头企业＋科研单位＋农户”的助农模式，开展优质蟹苗供应、养殖及病虫害防治技术指导、技术培训、检测、合格证开具等一体化服务。统一苗种、养殖、产品标准，产品定期进行统一检测、回收，制定会员苗种农资采购优惠制度、养成的商品蟹高于市场价收购制度，提供暂养等服务。2023 年推动会员养殖面积 3 000 亩，生物制剂的推广应用量达 50 吨，培训 300 余人次，利用农技耘等服务平台，解决养殖技术难题 3 次，帮助会员及农户消化大闸蟹产品 60 吨。与建行合作，开展金融支农活动，建立会员购苗数据库，受益农户达 30 家，贷款总额度提升至 300 万元。通过提供养殖技术支持、增加工作岗位、股权分红等方式带动低收入农户 310 人，带动农户致富，助力乡村振兴。

浙江凤山奶牛养殖有限公司

一、基本情况

浙江凤山奶牛养殖有限公司成立于2003年4月，注册资金2 100万元，隶属于美丽健乳业集团，坐落于湖州市德清县钟管镇干山村。牧场占地2 100亩，专业从事奶牛养殖，建成现代化标准牛舍“奶牛之家”13栋，拥有存栏奶牛1 300余头，年单产奶水平近11吨，年交售约7 000吨生鲜乳，达到国家优级生乳标准，年营业收入约4 000万元。

二、经营理念

牧场秉承可持续发展理念，在青贮玉米、小麦秸秆、裹包稻草饲料化方面投入研究，重视清洁能源的利用，实现牛粪资源化利用，将其制作成有机肥，并与种植大户合作，实现养殖废弃物及时消纳，促进产业循环发展。未来规划：一是实现全域数字化节能减排养殖生态圈建设。二是建立数字农业管理中央驾驶舱。通过建立牧场数据中央驾驶舱管理平台，打破各系统间的数据壁垒，做到数据互联互通，打造具有全域感知、全局可视、全盘掌握的智慧牛舍管理体系。三是打造花园式生态循环景观示范牧场。

三、做法模式

1. 建设数字化牧场 牧场与加拿大进口品牌IPG深度合作，对国内首个新型膜结构牛舍技术应用，用钢量下降30%，耗电量降低；利用“物联网+大数据+人工智能+边缘计算”的手段，结合牛舍环境情况，通过智慧牛舍云平台、精准喷淋、智能环控、智慧用电等，以更及时、更精确、更智能的方式对牛舍进行全方位管控。智能调控牛舍内照明、卷帘、风机、喷淋等设备的运行，实现牛舍内环境的安全、绿色、动态平衡，为奶牛提供舒适的生活环境。

标准化牛舍

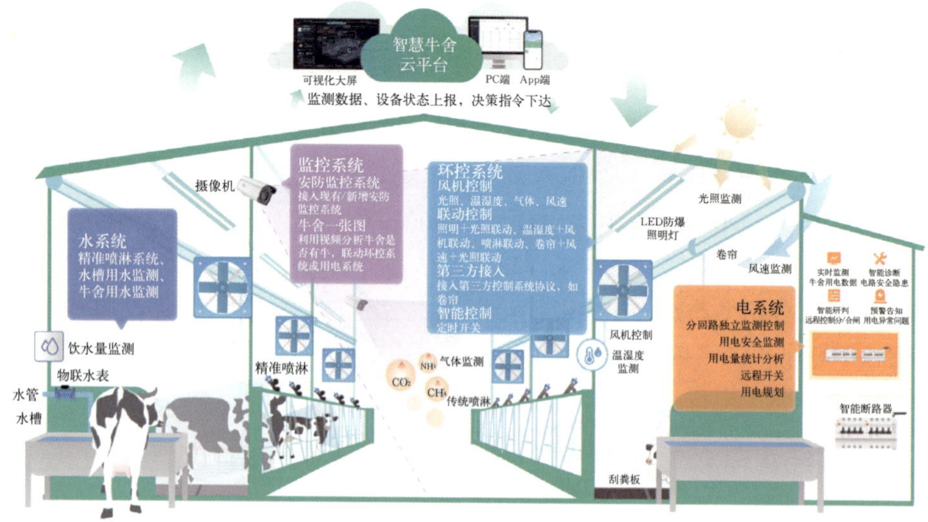

物联网+大数据管理控制系统

2. 秸秆饲料化利用 牧场配套20 000立方米的青贮储存窖，年收储青贮量10 000～12 000吨，每天青贮用量从8千克/头增加至20～25千克/头，提高比例为150%～213%。结合周边农业种植，将小麦秸秆、花生秸秆、裹包稻草纳入奶牛饲料范围。

玉米青贮

3. 粪污综合利用 牧场配套除臭减排粪污收集密闭输送系统、沼气锅炉燃烧系统和一体化全混合厌氧反应器（CSTR）恒温牛粪厌氧发酵系统，将牛粪发酵产生的沼气收集后进行二次利用，每天约产生沼气1 500立方米，日处理100吨牛粪，产品达到国家农用沼液质量标准，与30余家种粮大户合作，配套2万余亩消纳用地用于推广有机肥及绿色肥料，减少化肥及农药的用量。

牧场配套完整的水管网和100吨污水处理系统，生产过程中的污水经收集后，按照一级、二级、三级污水分类处理。一级污水经收集后，用于挤奶厅站立区地面冲洗，二级污水用于粪污输送管网的回冲利用，三级污水经污水处理系统处理后，输送至镇污水处理厂，为污水处理厂提供优质的生物有机粪料和微生物菌群。

牛粪资源化循环利用模式

沼气发酵、污水处理中心

四、综合效益

1. 经济效益 牧场年产值增加50%，存栏牛数量从1 200头增加至1 500头，养殖规模增加25%，人均养牛头数从28头，增加至40头，人均养殖效益增加43%。

2. 生态效益 精准喷淋可节水55%～75%，智能环控年节电量20%～30%，三级污水分类处理的回收利用率可达100%。

3. 社会效益 与浙江大学合作“奶牛绿色健康养殖及生产关键技术与应用”项目，建立浙江大学湖州市现代农业产学研联盟核心示范基地，与浙江农林大学合作项目“全混合日粮精准投喂数字化管理技术集成与示范”。

广饶县大王镇阳光奶牛场

一、基本情况

广饶县大王镇阳光奶牛场建于2011年，注册资金2 580万元，坐落于山东省东营市广饶县大王镇大王西村。牧场以奶牛养殖为核心，辅以青贮玉米和黑小麦种植、牛奶初加工，以及科普观光，致力于构建精专、特色鲜明、一二三产业融合、种养加一体化的高品质奶源基地。历经近20年的稳步发展，牧场现拥有荷斯坦奶牛530头，日产生鲜乳8吨，现有1 215亩连片种植区，种植青贮玉米和小麦。

农场鸟瞰图

二、经营理念

牧场是国家级科技型中小企业、国家高新技术企业、省级创新型中小企业，秉持“生态+科技+文旅”发展理念，深度融合科技创新与休闲观光，奏响绿色发展的牧歌，为乡村共富注入“牛动力”。

建成了千头奶牛智慧牧场，采用生态循环种养模式，打造节粮型牧场，在饲料中引入咖啡渣实现对豆粕的部分替代，是国内“鲜奶吧”行业的开路人，带动千余人创业。配备乳品加工线，建成了科普教育基地、中小学生实训基地、AAA级旅游景区，反哺农牧业发展和牛奶销售，形成了一套易推广、可复制的中小牧场可持续发展模式。

三、做法模式

1.“玉米、麦秆-奶牛喂养-粪便发酵-有机肥回田”模式 牧场构建了“玉米、麦秆-奶牛喂养-粪便发酵-有机肥回田”的循环农业模式。牧场确保每头奶牛享有45～50平方米运动空间，采用发酵床养殖技术，牛粪直接在牛舍内发酵转化为优质有机肥，实现自有土地化学肥料零施用。牧场还引入中国农业科学院饲料研究所专家团队，推行多元化饲料供给体系，如咖啡渣替代豆粕，形成“咖啡渣-奶牛饲料-原奶加工-咖啡店”闭合循环，既提升牛奶品质，又降低生产成本。此外，牧场自建精饲料加工站，广泛利用芝麻渣、果渣、啤酒糟等替代主粮饲料，配合精准饲喂系统，探索减碳增效路径，牧场内4.2兆瓦光伏电站的建设更是显著降低了碳排放，改善了奶牛生活环境。

农场发酵床循环种养模式

2. 精细化管理，做到污染防治源头减量 牧场通过微生态制剂合理调控饲料营养，采用TMR精准饲喂，全面兼顾营养需求和源头减排，通过使用低氮日粮＋酶制剂，提高奶牛饲料营养的消化吸收利用率的同时，有效减少氨氮排放和减轻异味，做到污染防治源头把控。牧场挤奶厅待挤区使用循环水进行冲洗，年可节水1 200吨。

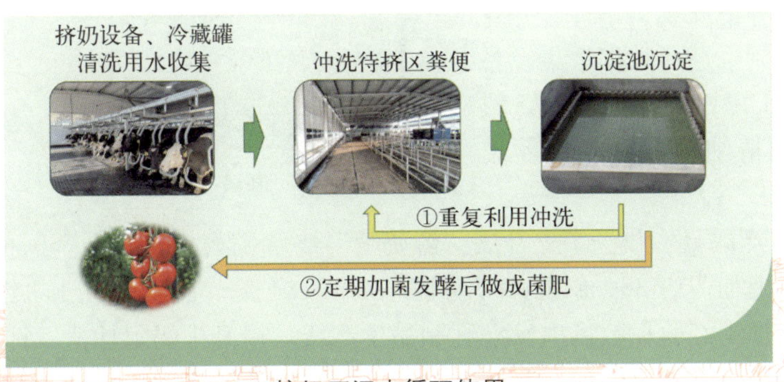

挤奶厅污水循环使用

3. 智慧化生产，做到粪污处理过程控制 牧场牛舍活动区域铺设发酵床进行养殖，牛粪直接在发酵床降解处理，采食通道的粪污通过自动刮粪板收集后进行固液分离和干燥处理，然后回填发酵床作为填充并进行处理，节省部分稻壳和辅料。牧场采用奶牛健康与发情监控系统和犊牛自动饲喂系统。牧场新建牛舍采用牧光互补模式，牛舍棚顶安装太阳能光伏板，建成 1.2 兆瓦的光伏电站，年可产生电 150 万千瓦时，产生经济效益 60 万元，同时棚顶的光伏板可以有效减少阳光对牛舍的热辐射，夏季牛舍内温度可降低 4～5 ℃，减少1/3的风机用电，让牛只有更好的体感，间接提升产奶量。

发酵床

4. 资源化处理，实现低碳发展 牧场年产生粪污 9 000 吨，牛舍卧床区的全量粪污和采食通道的固体粪污通过生物发酵床直接降解后反复利用或制作有机肥还田，部分奶厅冲洗水循环利用，其余发酵处理。牧场流转周边土地 1 215 亩，种植青贮玉米和小麦等作物，处理后的粪肥和肥水实现就近就地还田利用，青贮玉米、小麦秸秆等又转换成饲料，实现种养结合循环发展。

5. 智能化养殖系统 牧场携手新希望、腾讯合资公司新腾数致，深度应用人工智能技术。牧场部署牛群运动、体态算法和模型，构建牛舍精细地图，实时监测奶牛体态、运动、挑食、蹄病、发情等情况，科学评分并建立淘汰机制。通过数据采集设备与云端 AI 智算中心的联动，牧场实现了精细化、智能化养殖管理。

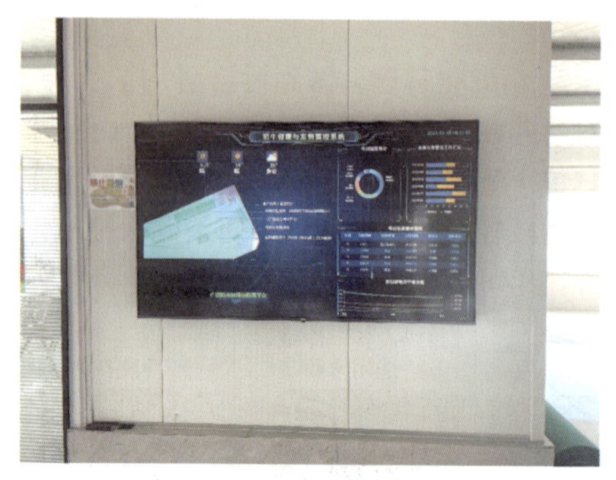

智能化养殖系统

6. 三产融合 牧场率先开展“鲜奶吧”终端销售模式，在全国推广加盟。现有鲜奶吧加盟店 300 余家，带动就业 1 200 余人。牧场重振“凯银”品牌，利用丰富加工经验在牧场内设立乳制品生产线，提升牛奶附加值。针对市场需求，牧场推出低温低糖酸奶等特色产品，利用牧场内丰富的教育资源，开展奶酪、牛奶馒头、牛乳年糕等节日特供，延伸产业链条，深受消费者喜爱。

四、综合效益

1. 经济效益 随着牧场在科技装备和环境质量方面投入加大，奶牛产奶量从 32 千克/（天·只）提升至 39 千克/（天·只），每日产奶量增加 2.8 吨，犊牛存活率从 96.6%提升至 99.3%。实现了奶牛精饲料全部自产，降低了饲料成本，同时“咖啡渣”牛奶使阳光牧场获得了大型连锁咖啡品牌订单，进一步提升了牧场经济收益。

2. 生态效益 牧场投入 450 万元，建设智慧牧场饲料化利用仓储生产车间，购置物联网精准饲料生产线，该项目投用后可将废弃麦秆、豆秸秆、次品胡萝卜、果渣、芝麻渣等下脚料与青贮饲料等进行科学配比后成为高效饲料，实现饲料化利用，废弃物资源化利用的生态效益显著。

3. 社会效益 通过订单与周边农户建立订单式的利益联结机制，为 400 余户农户建立了增产增收新途径，户均增收 6 000 元。建设了高素质农民创业创新培训教室，为中小养殖户、种植户提供创业指导和技术支持。在大王镇村庄设立牛奶售卖机，预计每年产生收益 70 万元，提供约 60 个就业岗位，有效吸纳村内闲散劳动力，提高村民就业率和收入水平，实现村民在家门口就业的愿望。

威海长青海洋科技股份有限公司

一、基本情况

威海长青海洋科技股份有限公司成立于2008年，注册资金7 200万元，位于山东省威海市荣成市，总面积62 257.78亩，是一家主要从事海产品育苗、养殖、加工的高新技术企业。农场规划有育苗基地、养殖基地、研发基地、展示基地四大功能区域。其中，工厂化育苗基地160余亩，育苗总水体5万多立方米，年可繁育海带、鲍鱼、扇贝等各类优良苗种30多亿单位；海上养殖基地面积6万余亩，年产各类海产品30多万吨；研发中心6 000余平方米；科普教育基地面积7 000余平方米，以资源、生态优势吸引客源，以优质服务创造效益。农场养殖的海带、鲍鱼通过有机食品认证。农场所在地荣成市拥有荣成海带、荣成鲍鱼地理标志证明商标和荣成鲍鱼农产品地理标志登记证书。

研发中心

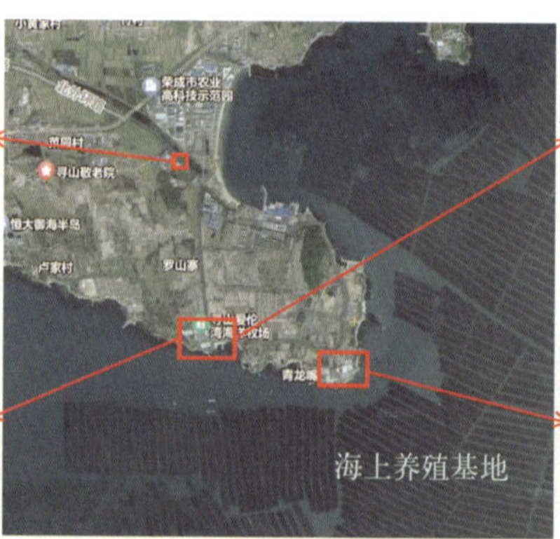

贝类苗种繁育基地

宣教中心

海带苗种繁育基地

农场布局图

二、经营理念

农场位于威海市荣成市，拥有得天独厚的海洋资源和悠久的海洋经济历史，其海水养殖业形成了以海带、贝类、虾类、鱼类等为主的多元化养殖结构。农场坚持“以养兴渔、科技兴海”的发展战略，以绿色发展理念为引领，以“高效、优质、生态、健康、安全”目标为导向，采用“现代技术引领-优质海产良种培育-健康养殖技术研发-技术成果集成推广”的建设思路，打造科学、系统、完整、可推行、可复制的生态农场，提高海洋贝藻产品的质量和安全性，带动周边乃至全国渔业健康可持续发展。农场不断创新海水苗种育苗技术，培育高产、抗逆、优质的海产贝藻新品种（系），研发绿色、健康的养殖技术和装备，合理搭配养殖的品种、数量、密度等，建立多营养层次生态立体的渔业生产模式。在养殖效率和效益最大化的同时，确保各种水生生物种群的动态平衡和食物链网结构合理，使营养物质在养殖系统中循环利用，改善海洋生态环境，打造一个有机、健康、可持续的海洋生态系统，实现经济效益和生态效益双赢。

三、做法模式

1. 构建多营养层次综合养殖模式　农场与相关高校合作，构建了基于养殖容量的贝-藻、贝-藻-参、鱼-贝-藻等多种形式的多营养层次综合养殖模式，该模式利用不同层次营养级生物的生态学特性，在养殖环节使营养物质循环重复利用，不仅可以减少养殖自身的污染，还可以生产出多种有营养价值的养殖产品。以贝-藻-参养殖模式为例，大型藻类作为初级生产者提供能量，扇贝等滤食性贝类滤食海水中的浮游颗粒，海参、鲍鱼等投饵性生物产生的营养盐等又成为藻类、滤食性贝类的营养源，实现了系统内物质的有效循环利用。

该养殖模式不仅提高了对自然环境养分、能量的利用效率，有效避免水质富营养化、赤潮情况的发生，还起到了净化水质、固碳减排、高效产出的作用，养殖产量和综合效益大幅提升。已获得山东省科学技术奖、中国水产科学研究院科技进步奖等奖项。

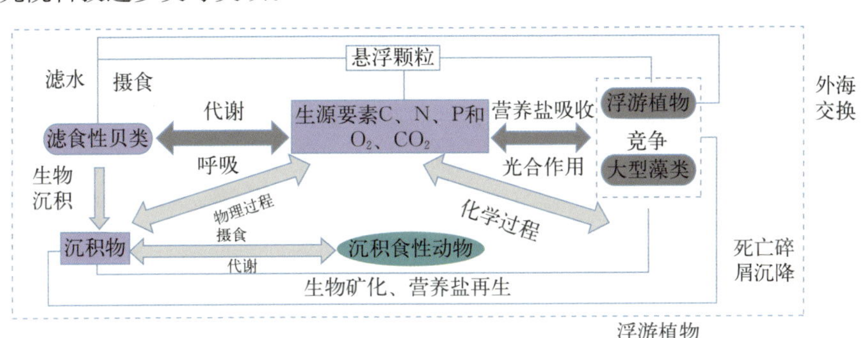

多营养层次综合养殖模式原理及模型示意图

2. 海上生态养殖　农场以节约资源、降低海洋环境压力为主要目标，通过优质水产新品种育养、合理降低养殖密度、养殖过程中不使用渔药、生态浮漂改造，以及建造投放人工鱼礁、底播和增殖放流等方式，在实现产业高质量发展的同时，不断修复海域内生态环境，为近海生物提供栖息地，恢复海洋渔业资源，提升海洋生物多样性，促进渔业产业结构优化调整，实现渔业可持续发展。

农场根据育苗养殖工艺和需求，建立养殖尾水治理模式。车间内产生的养殖尾水一部分通过排水管道系统流入回水池沉淀、净化，砂滤罐过滤除杂后，进入车间水系统，予以循环利用；另一部分经废水池和砂滤罐沉淀、过滤，由废水回收换热器进行能量回收后，实现清洁排放。该模式既实现了养殖尾水的清洁排放，又实现了水循环利用和能量回收，降低了生产成本，增强了企业综合生产能力，促进了渔业产业的转型升级。

海上生态养殖

3. 智慧农业平台建设 在海水苗种繁育基地，以低碳智慧用电为出发点，打造了智慧能效管理平台，建设了山东省首个“零碳”智慧用能示范区，对海洋微藻繁育产业实施电能替代。形成分布式光伏、智慧储能、温控、光控感知等多能源合一系统，实现生长环境智能调控，有效保证养殖安全、降低生产成本、提高产品质量，实现全年度规模化培育，拓展海洋经济发展领域。

4. 信息数字技术利用 海水苗种繁育基地安装了养殖车间监测系统及“渔业通”平台，做到了养殖车间监测数据实时上传，实现了远程在线数据采集、入库分析统计、生成报表。涵盖了养殖水产品从养殖生产环境、养殖过程管理、投入品及产品流向整个过程的追溯信息，实现养殖水产品质量信息可追溯。在海上生态养殖基地搭建了信息化综合管理平台，包括海洋牧场观测网系统和展厅监控、展示系统，通过对海洋牧场环境、生物资源、区域状况等信息系统的集成与控制，实现了对养殖海域生态环境的可视、可测、可控。通过信息平台的建立，对爱莲湾及桑沟湾的养殖区进行实时监测，形成海域基础环境数据，以物联网信息化技术助推现代养殖提质增效。

5. 养殖技术创新和装备改造 针对当前育苗车间硬件设施不能满足海带苗种标准化、产业化关键技术的需求，通过创新调光系统、改进育苗池结构、引进现代化制冷系统等，建立了国内领先水平的海带苗种育繁车间。新车间创建了新型的自动调光系统，只需 1 名技术员在总操作面板上按下对应按钮，即可实现车间内不同光照度的调节工作；国内首创单池浅池平推式育苗池，同时改进育苗池连接方式，每个水池均为独立水循环系统，杜绝品种混杂的问题。该车间一方面降低工人劳动强度、减少了工作量，另一方面提高海带优良品种的纯度和品质，降低品种混杂、海带苗种病变的风险，实现了自动化、低能耗的苗种产出。通过建立现代化、机械化、节能低耗的海带苗种育繁车间，增强了企业综合生产能力和市场竞争力，推动产业向“健康养殖、资源节约、环境友好、产品优质”方向发展，促进渔业的转型升级。

水产品质量追溯智能化管理系统、展示系统

四、综合效益

1. 经济效益 农场打造从优良苗种培育、养殖模式构建到品牌终端销售的完整产业链，同步发展休闲海钓、观光游览等休闲旅游项目，实现一二三产业融合发展。2023 年，海产苗种、成品、加工品销售及休闲渔业收入等主营业务收入达 4.69 亿元。

2. 生态效益 农场生态养殖模式的升级和应用，实现了海域内自然环境养分、能量、空间利用率的最大化，且整个养殖过程中不使用渔药，有效避免了水质的富营养化，促进“碳汇渔业”的发展，保障海域生态安全。同时，合理降低养殖密度，减少了劳动力、材料、苗种浪费，实现了产品质量提升。随着人工鱼礁及增殖放流等工程推进，有效修复了海域内的渔业资源，通过海区生态环境监测记录、渔获物统计调查记录等数据以及渔民反映情况来看，近年来海区渔获物的种类、数量和个体大小都有明显优化，生态效益显著。

3. 社会效益 农场在建设过程中，累计带动周边渔民就业人数近 800 人。通过良种、良技的大面积示范推广，举办海水良种育养技术培训班等形式，帮助周边养殖企业和养殖户提高生产技术和管理水平，推动生态农业技术的普及和应用，保障农产品质量，保护生态环境，对周边地区产生积极的示范效应。

华中地区

湖北丰联佳沃农业开发有限公司

一、基本情况

湖北丰联佳沃农业开发有限公司成立于2014年，注册资金1 000万元，位于枝江市向巷村，是一家以肉牛养殖为主的综合性现代农业开发企业。农场总面积302亩，其中养殖土地面积257.5亩，建成部级标准化肉牛养殖示范场1个、标准化牛舍7栋、夷陵牛核心保种场1个，配套运动场、饲草加工、动物防疫、粪污处理等基础设施。建成1个应激处理中心，青贮窖9座、草料库2栋、堆粪棚1个、饲料加工场1个。配备60吨地磅1台、12立方米固定式TMR搅拌设备1台、5立方米喂料车2辆、铡草机2台、挖机1台、铲车2辆、装载货车2辆等。

农场鸟瞰图

农场与国家肉牛牦牛产业技术体系、中国农业大学、华中农业大学、湖北省农业科学院等科研机构开展技术合作，解决了饲草饲料调配与饲养管理、夷陵牛保种与品种改良、肉牛疫病控制与净化等技术难点。与中国农业大学合作开展国家重点研发计划——“优质肉牛全产业链绿色生产模式的构建与示范”项目研究，合作开展现代农业产业技术体系建设项目——“夷陵牛保种用秸秆综合利用研究”，为夷陵牛保种和利用提供技术支撑；与华中农业大学、中国农业大学合作，设立院士专家工作站。

农场牛肉产品质量符合相应食品安全国家标准，2021年通过绿色食品认证，通过供港澳出境动物养殖企业审核，成为粤港澳大湾区菜篮子供应生产基地。肉牛产品生产销售收入占总收入的90%以上，已经注册“牛味央”“仙女牛郎山”“國牛”“三峡仙女牛”等多个商标，2021 年夷陵牛、夷陵牛雪花牛肉成功登记注册国家地理标志证明商标。2018 年 12 月，夷陵牛雪花牛肉被评为第十五届中国武汉农业博览会金奖农产品。

二、经营理念

建场初期，农场邀请湖北省农业科学院进行规划设计，以保护生态环境为规划理念，按照“系统、循环、科学、再生”的要求打造能量多级利用和物质循环再生的生态产业链。目前农场以集约化养殖为主，饲养国内良种牛，进行本地黄牛和夷陵牛的保种开发利用，配合生态养殖工艺、粪污高效处理等，建成一个标准化的肉牛生态养殖农场，为周边果园、农田提供优质有机肥，带动区域肉牛产业的发展。未来将持续加大生态农场科技投入，加强技术联合攻关，打通产业链、创新链、价值链，形成产出高效、产品安全、资源节约、循环利用、环境友好的肉牛高质量发展路径，打造全国知名“國牛”品牌。

三、做法模式

1. 推行投入品减量化　农场建设规范，功能布局合理，外围建立绿色屏障，有利于健康养殖。坚持预防为主、防重于治的方针，制订科学防疫方案，全面减少兽药等投入品用量。应用疫苗免疫等预防技术，严格饲养管理，推广生态养殖减少用药，集成和推广用药减量技术模式。采用地下 180 米饮用水，利用玉米、大麦、酒糟、青贮等谷饲精心配比喂养。科学诊疗，建立规范用药制度，严格遵守《中华人民共和国动物防疫法》、《兽药管理条例》等法律法规。建立健全从品种质量、养殖环境、料水监测、密度控制、饲料管控、病害防治、兽药使用、产品检测等方面贯穿生产全过程的质量安全监控体系，实施科学的饲喂营养配制，严格管控兽药休药期、投入品使用。因地制宜实行养殖周期 12 个月内，用药疗程数不超过 1 个，休药期严格控制在 28 天以上，提升肉牛养殖业质效，确保肉牛健康安全。

2. 推行养殖生产清洁化　按照清洁生产、秸秆利用的思路，实行草畜配套、可持续发展。一方面，积极推行秸秆养畜、“过腹还田”，不仅能提高农作物秸秆饲料化利用率，还可以减少农作物秸秆露天焚烧及废弃带来的环境污染。每年在本地收购农作物秸秆约 3 万吨，并进行饲料化利用，降低企业饲草生产成本 10%左右，为枝江市推进秸秆综合利用打牢了基础。另一方面，坚持源头减量、过程控制、末端利用的原则，采用节水型饮水器或饮水分流装置，实行雨污分离等措施，减少污水产生量。同时采用床场一体化肉牛养殖技术，即在牛舍地面铺设谷壳等混合垫料，垫料中添加活性益生菌，即时发酵分解牛粪尿，大大降低臭味、氨气的污染，使牛病发生率下降 20%，真正达到清洁养殖、粪污零排放的目的。

肉牛养殖

3. 推行废弃物资源化 按照末端利用的要求，农场大力实行了生物发酵床场一体化肉牛养殖技术，定期对垫料混合物堆肥腐熟后，进行就近就地还田，运送到周边柑橘、蔬菜、水果基地施用。这与传统施用商品复合肥和尿素相比，既使田间农作物生长良好、肥力供应均匀、植株发病率下降，又避免了粪污污染环境，粪污资源化利用率可达 100%。

生物发酵床场一体化肉牛养殖技术

四、综合效益

1. 经济效益 2021 年农场销售额为 3 410.76 万元，获得补贴收入 147.36 万元，包括夷陵牛品种资源保护与利用项目 50 万元，肉牛产业发展资金 50 万元，科研经费等 47.36 万元，利润共计 264.53 万元。

2. 生态效益 农场推广应用标准化生态农业技术，推行投入品减量化、秸秆综合利用、粪污资源化利用等，不仅提高了产品的质量，打造了绿色食品品牌，而且保护了生态环境，使农场水土、空气质量都有所提高，实现了农场资源与环境的可持续发展。

3. 社会效益 推行“公司+农户”“公司+合作社+农户”产业化经营模式。通过引领农户，实施代养母牛、回购犊牛模式，开展联农带农，构筑起“藏种于户、藏牛于民、共同富裕”的产业发展格局。目前在仙女镇 5 个村已发展母牛代养户 60 余户，发放母牛 180 余头，户均增收 2 万元。

华 南 地 区

广东顺德均健现代农业科技有限公司

一、基本情况

广东顺德均健现代农业科技有限公司成立于 2015 年，位于广东省佛山市顺德区均安镇南沙社区，注册资金 2 000 万元，统筹鱼塘超过 2 万亩。农场是一家由顺德区国资、均安镇国资与民营龙头企业合作成功混改的现代农业科技企业，同时是广东省高新技术企业、佛山市农业龙头企业。依托顺德区优质水产的产业优势，农场创建了“515 生态闭环”产业模式，致力于水产生产、科研、加工、营销、文化全产业链业务发展。

农场建有优质淡水鱼良种繁育基地、智慧渔业工厂化养殖基地、微生物菌藻生态培育基地、公共监测中心、现代科技水产加工中心。利用高位桶高科技智能设备，推动实现水产养殖资源节约、提质增效、标准规范、精准养殖；通过建设水产品常规药残项目检测体系、淡水鱼渔药鱼病服务体系、水产品质量安全追溯体系，有效保障水产品质量安全。

农场鸟瞰图

农场综合竞争优势及高标准养殖技术，主要活鲜产品包括均安草鲩、皇竹鲩、金凤鱼等。农场标准化养殖活鲜，产品供应稳定，为均健旗下预制菜加工中心提供了肉质鲜美爽滑的优质淡水鱼食材，采用－196°C 液氮冷冻锁鲜技术加工生产，由粤菜大师工作室研发监制，构建以“均安草鲩”等一系列品牌为主的产品体系，将兼备顺德美食和均安功夫特色的系列产品通过线上线下联动销售，渠道覆盖全国多家大型连锁商超。

二、经营理念

农场以可持续发展作为核心理念，以农业产业化实体为载体，打造了集农业体验、研学旅游、科普教育、特色民宿、地道美食于一体的文旅板块，包括南沙旅游接待中心、智慧渔业展厅及619美丽渔场等项目，助力农业从“一产独步”向“三产融合”发展。

三、做法模式

1. 高位桶养殖 农场在生态养殖示范区内启用约4 000平方米用于建设40个高位桶。高位桶养殖具有资源节约的优势，主要表现为“四节”：节地，占地面积小，安装灵活，可减少对土地的深挖破坏，在相同养殖产量下，较传统养殖可节约土地资源75%～90%；节水，采用水体循环利用技术，合理规划用水量，减少用水量，无清塘干塘、大排大灌、废水外排等问题，较传统养殖可节水80%～90%，并为水产养殖扩展到缺水地区提供了可行的技术方案；节劳，一个工人可以看管多个养殖箱，捕捞简单，劳动强度小，较传统池塘养殖节省劳动力50%以上；节料，箱体内合理的高密度养殖，可集中精准投喂，减少饲料浪费，提升饲料利用率。高位桶养殖可实现：减病，建立了四级绿色防病体系，养殖水体循环快、水质优，易于观察防病，病害发生概率大幅降低；减药，集装箱养殖病害发生少，用药环节精准可控，可大幅减少药物用量，防止药残污染。

2. 废弃物资源化利用 农场于生态养殖示范区内建设起“人工湿地＋三池两坝”尾水处理设施，以及集成微生物功能菌剂、岸基净水一体化设备、生态工程改造等多模块工艺技术的多重组合-高密度养殖尾水处理技术模式，可处理园区内养殖所产生的养殖尾水，经处理后的尾水可实现循环使用。经测算，养殖尾水年产生量约300万吨，回收利用率达到100%。

“人工湿地＋三池两坝”尾水处理设施

池塘养殖产生的大量非开放性水域底泥中含有大量有机物等营养物质，农场为实现废弃物资源化利用，将底泥用于养殖区内的桑基、菜基、花基、果基种植。经测算，非开放性水域底泥年产生量约1万吨，回收利用率达到100%。

底泥用于桑基、菜基、花基、果基种植

3. **生态景观打造** 生态方面，农场建设了一个“湿地公园式”的养殖尾水处理设施，在实现养殖尾水处理的同时，加入了绿化和生态景观，促进了生态和生产的和谐融合。

湿地公园

4. **健全追溯体系** 农场制定了《入鱼抽样记录》、《进鱼信息表》、《检测报告》，以供完整地记录每一条鱼的检测结果，并交由专人保管。每条鱼都需要进行4次以上的检测：进鱼前—进鱼复检—随抽随验—出鱼前。建立完善的农产品质量追溯体系，确保农产品的生产、加工、运输和销售全过程的质量可控和可追溯。通过完善生产管理台账，严格管理每一个生产步骤，养出健康的生态绿色产品，同时有效提升水产品质量和降低食品安全风险。

四、综合效益

1. **经济效益** 以养殖用水可循环为手段，以处理后的健康水体为养殖用水基础，可减少渔药投入品的支出60%及以上；养殖水体改善的同时可提升产品质量，损耗率从5%降至2%，从而提高养殖利润，具有良好的前景。此外，由于养殖尾水中含有丰富的有机物质，在潜流湿地里的泥土含有丰富的养分，可用于种植浮岛植物，产生经济效益。

2. **生态效益** 通过生态养殖尾水智能化循环处理监测调控系统项目建设，利用70亩湿地公园结合“三池两坝”的尾水处理措施，有效达到《淡水池塘养殖水排放要求》（SC/T 9101—2007）养殖尾水合理排灌的二级排放标准，528亩土塘和40个高位桶养殖水体循环可视化监测处理，经处理后的养殖尾水实现达标排放或循环使用，避免对周边环境造成污染。

3. **社会效益** 农场通过积极主动为周边养殖户提供健康养殖技术咨询和培训服务，通过企业＋村居＋农户＋金融＋保险“五位一体”模式，引领带动185户农户实现增收，解决500多人次就业问题，培训人数每年200人次以上。建立供销一体化，开拓水产品品牌“均安草鲩”“均健金凤鱼”“均健加州鲈”，积极开展品牌推广工作，扩大产品销量，巩固产品市场地位，直接提高水产品综合效益。

西北地区

新疆天蕴有机农业有限公司

一、基本情况

新疆天蕴有机农业有限公司成立于2014年，注册资金2.62亿元，主营业务为高品质三文鱼养殖、加工、储运、保鲜与综合利用，现已形成集科技研发、苗种繁育、智慧养殖、加工、冷链物流、销售于一体的完整产业链。农场位于尼勒克县的温泉电站水库，水面面积937公顷。目前已打造“天蕴”“天山跃出三文鱼”“天山鳟”品牌和“鲑来”“鳟贵”三文鱼美食文化品牌，以及“尼勒克三文鱼”区域公共品牌。其中“天蕴”入选中国农业品牌公共服务平台水产品推荐品牌，“尼勒克三文鱼”入选全国名特优新农产品名录。近年来，农场获得专利60余项、取得全球水产养殖联盟BAP认证、全球公共卫生和安全机构（NSF）无抗生素产品认证、HACCP体系认证及GAP认证等。

养殖基地鸟瞰图

二、经营理念

农场养殖的三文鱼品种为三倍体虹鳟，具有冷水性，对水质和环境都有较高的要求。新疆伊犁河水来自天山山脉的冰川雪融水，水质纯净冷凉，富含溶解氧，年平均水温在20℃以下，非常符合鲑鳟鱼的养殖条件。养殖过程按照

《水产养殖质量安全管理规范》（SC/T 0004—2006）、《淡水网箱技术条件》（SC/T 5027—2006）、《绿色生态　虹鳟鱼环保网箱养殖技术规范》（DB65/T 4141—2018）等标准的规定执行。

水产养殖养鱼更需要养水，农场始终秉持创新、协调、绿色、开放、共享的新发展理念，潜心发展大水面生态渔业。综合运用多种大水面生态养殖前沿技术，如生态环保网箱模式、深水抗风浪网箱养殖模式和大水面增养殖模式，同时养殖基地配套无害化处理系统和污水处理系统，结合种植果木、蔬菜，将水产养殖、加工等产生的废弃物进行循环利用，实现产业可持续发展。农场大力推进互联网＋现代渔业，积极推广应用实时监控、自动增氧、饵料自动精准投喂、网箱升降控制等技术和装备，全面提升水产养殖信息化建设。

三、做法模式

农场目前拥有20余年养殖经验的冷水鱼繁育研究与养殖团队。在养殖技术方面，先后研究开发虹鳟鱼孵化技术、工厂循环水无害化养殖技术、绿色生态虹鳟鱼环保网箱养殖技术、数字渔业养殖技术等，研发了多项养殖装备技术，改变了传统养殖业的经营模式，实现了养殖业的现代化发展。

1. 生态环保网箱　创新发展生态环保网箱养殖技术，升级改造传统投饵网箱养殖模式，破解了传统网箱污染难题，综合采用四种大水面生态养殖前沿技术，包含繁育阶段的工厂化循环水养殖模式，鱼种阶段的生态环保网箱模式、深水抗风浪网箱养殖模式和水质保护型、资源养护型、生态修复型增殖模式，实现产业发展和环境保护的同步推进。

生态环保网箱

2. 水下清污机器人　设计研发了国内首个用于渔业生产的水下清污机器人。机器人搭载的声呐成像系统、光学摄像机，能够在水下识别地形，起到保障通行和准确识别并清理污物的作用。机器人通过搭载的污泥泵，将底泥表面沉积的粪便吸入水面集污平台，集污平台里的粪便及污泥运送到粪便干化池，干化后做成有机肥用于园区果木、蔬菜种植，实现水底废弃物无害化高效循环利用。

3. 网箱废弃物收集系统 网箱废弃物收集系统使用气提方式将粪便及残饵抽出。原理是粪便下落通过筛网后，由振动装置将废弃物聚集在锥底，供气管内注入高压气体使管道内形成负压，再通过吸污管将锥底废弃物吸出。经计算，养殖产生的80%以上废弃物可被收集上岸，剩余的废弃物则通过水下清污机器人清理出来。

4. 上下游水质在线监测系统 引进先进的水质实时在线监测设备，对水库上下游水质进行实时监测，同时委托第三方机构对水质在线监测系统进行运营维护。监测数据联网同步至相关环保部门，做到及时管控。

5. “碳汇渔业” 积极发展“碳汇渔业”，每年向水库增殖放流30余万尾土著鱼类和滤食性鱼类，通过回捕鱼类降低水体中的氮、磷含量，促进养殖环境生态平衡，对流域内鱼类资源增殖恢复意义重大，是实现流域渔业可持续发展的重要环节。

6. 加工车间废物合理回收利用 配备集全自动成鱼宰杀、保鲜及冷冻于一体的智能化无菌车间，包括一级初加工车间和十万级生食精深加工车间。三文鱼加工过程中产生的废弃物进行统一收集，对生产加工过程中产生的污水进行统一净化处理。加工车间结合现代冷水鱼屠宰生产线、码垛机器人、鱼内脏输送带、三文鱼分级包装生产线、冻鱼生产包装线等设施设备，形成了全自动化加工流水线。

加工车间

三文鱼捕捞

7. 园区多层次绿化，有效固碳，实现生态循环 农场拥有种植基地450余亩，通过种植大叶白蜡、小叶白蜡、金叶球榆、柳、苹果、杏、西梅等林果，以及各种蔬菜和观赏花卉，园区总体绿化率达到75%。养殖和加工过程产生的废弃物经过无害化处理后形成干物质，再发酵成有机肥用于种植果菜等。生产污水和生活污水经过污水处理系统处理，用于果园和绿化地灌溉。通过多种措施共同作用，达到基地减污固碳的目标，实现养分高效转化与水资源合理利用。

农场种植果树

四、综合效益

1. 经济效益 农场采用大水面生态环保网箱养殖模式，促进渔业高质量发展，经济效益连年提升。2021年三文鱼销量2 287吨，实现销售收入1.2亿元，净利润约1 413万元；2022年三文鱼销量2 618吨，销售收入2.1亿元，净利润4 741万元；2023年三文鱼销量2 288吨，销售收入1.7亿元，净利润2 025万元。

2. 生态效益 通过养殖-加工-废弃物利用-种植结合，打造循环产业链条，在三文鱼养殖产生经济效益的同时，保护了养殖区及周边水资源，实现水产养殖、环境保护、减污固碳共同推进，“养鱼”更“养水”，用实际行动践行“绿水青山就是金山银山”。

3. 社会效益 农场以尼勒克县国家农村产业融合发展示范园建设和国家级现代农业产业园创建为契机，发展创造就业岗位。2023年，职工人数突破500人，其中农民150人左右。通过土地流转、入股、创业等多种方式与农户建立利益联结机制，多种渠道带动农民增收致富，定期开展渔业技术培训，提高农民的养殖水平，帮助农民掌握实用技术。

种养结合型案例

东 北 地 区

延边畜牧开发集团有限公司

一、基本情况

延边畜牧开发集团有限公司成立于 1984 年，注册资金 1 014 万元，位于吉林省延边朝鲜族自治州龙井市东盛涌镇勇成村，地处国家级延边黄牛产业园核心区域，是一家集延边黄牛良种选育、品种资源保护、肉用品系开发、牛胚胎和冻精生产、黄牛冷配改良、兽药饲料供应、屠宰加工、畜产品经销、休闲农业等于一体的综合型全产业链三产融合企业。农场总占地面积1 100公顷，建筑面积 9 万平方米。建有牛舍 2.4 万平方米，厂房 4.5 万平方米，冷库 3 800平方米。农场拥有草地 860 公顷、林地 110 公顷、饲料地 150 公顷，养殖延边黄牛，同时拥有 120 公顷饲料消纳地，能够满足粪污资源利用。种植全株青贮玉米、饲料玉米 120 公顷，年产优质饲料 6 000 多吨，存栏延边黄牛基础母牛 600 余头，全年出栏延边黄牛 2 000 余头，产肉 600 多吨。

农场实景图

作为国家级农业产业化重点龙头企业，农场有院士工作站、畜牧学博士后流动工作站，与中国农业大学、吉林大学、吉林农业大学等单位建立长期合作关系，开展实验研究工作。农场拥有完整的生产及研发设备，生产各类农机20余台，研发设备70多台（套）。先后完成了“延边牛及其杂交种牛血液酶学指标正常值的研究”“微生物DNA与延边黄牛肉用生长性关系的研究”等重大国家级科技攻关项目，累计向东北三省提供延边黄牛优秀种公牛1 000多头，提供良种基础母牛6 000头，生产胚胎2 000枚。现饲养延边牛、延黄牛及由澳大利亚进口的利木赞、夏洛来、西门塔尔、安格斯等种公牛80多头，饲养延边黄牛基础母牛1 000余头。

二、经营理念

农场核心经营思路为强化科技创新支持、制定配套发展政策、积极争取金融支持、打造品牌形象、加强国际交流。农场鼓励开展相关研究和试验，推广先进的养殖技术，并培训专业人才，开展科学研究和技术推广活动。建立健全监督管理机制，积极争取政府和金融机构资金支持，降低运营成本，通过推广宣传，打造有影响力的牧场品牌形象，提高消费者对生态牧场产品的认知度和信任度。

三、做法模式

1. 构建完整的种养结合生态循环农业模式 农场从传统的养殖业逐步向“种养结合”过渡，依托高效的生态循环矩阵，构建了完整的种养结合生态循环农业模式。农场主要通过农业废弃物多级循环利用，将上一产业的废弃物或副产品作为下一产业的原材料。以种植基地产生的农作物废弃秸秆作为沼气基料及牛饲料进行处理，产生的沼气作为燃料，通过微生物发酵将秸秆加工成饲料，有效改善饲料适口性，提高动物采食率。以牛粪堆肥产物、沼液、沼渣作为有机肥施用于作物耕种基地，开展牛粪、废弃秸秆生态循环利用技术研究与示范推广，围绕秸秆饲料、燃料、基料综合利用，构建“秸秆-基料-食用菌”“秸秆-成型燃料-燃料-农户”“秸秆-青贮饲料-养殖业”产业链，形成上联养殖业、下联种植业的生态循环农业新格局。以秸秆为纽带的循环模式可实现秸秆资源化逐级利用和污染物零排放、使秸秆废物资源得到合理有效利用，变废为宝，还可解决秸秆任意丢弃焚烧带来的环境污染和资源浪费问题，保护原有生态环境的同时促进养殖场与农田的碳氮循环，同时获得有机肥料、清洁能源、生物基料。

2. 实施生态化黄牛养殖

（1）研发资源节约技术。农场通过技术研发进行精准农业耕种，实现精准饲养和饲料配方优化，减少饲料浪费，降低投入成本，提高饲料转化率，节约耕地资源。

（2）优化生态环境管理。养殖区内修建饮牛池，通过收集雨水和山涧水来进行养殖和饲料地的灌溉，合理利用水资源，减少水资源的浪费。同时设置化粪池，综合处理牛粪实现变废为宝。

（3）依托“无抗”技术，推广绿色健康养殖。通过提高养殖技术和管理水平，减少兽药的用量。保证饲料安全、生长环境绿色健康，适当进行放牧使黄牛在饲养期间能得到充分锻炼。

（4）粪便变废为宝，有效保护黑土地，提高耕地质量。将农场产生的牛粪进行堆积发酵，发酵产物处理后作为有机肥还田，减少农业生产中化肥和农药的用量；并对农业种植基地采用轮作休耕制度，提升耕地质量。

黄牛养殖

玉米青贮

3. 建立黄牛种源管理系统，实现科学化管理 在种源管理环节，构建黄牛种源管理电子化档案，记录种源养殖、冻精生产、冻精质量检查、追溯管理、冻精出入库等。同时，可实现冻精生产全过程溯源，记录冻精生产的来源、去向，提高消费者对产品的认可度。养殖场与企业联合建设智慧农业平台，将信息技术、数字技术应用于牧场管理、种植养殖技术创新、农机装备改造应用等。农场与吉科软信息技术有限公司合作开发数字农业管理系统，建立现代化设施农业技术体系，利用数字农业技术提高牧场管理能力。

数字化管理系统

4. 三产融合发展 2016 年，为提高产业知名度，打造生态旅游项目，已规划出农林景观区、自然景观区、民族主题区、亲子主题区、科普主题区、农牧生产区、入口服务区等休闲农业旅游观光项目。

四、综合效益

1. 经济效益 农场年饲养基础母牛 600 多头，年产犊牛 300 头以上，年产值可达 1 000 多万元。另外，旅游产业年收入 50 余万元，屠宰产业年销售额5 000 余万元。

2. 生态效益 农场年产作物秸秆 2 万余吨，牧草 3 万吨，畜禽粪便 1 万余吨，以农场现有生物质原料产量和耕地面积计算，预计可产有机肥 3 200 吨，按亩均消纳有机肥 1.5 吨计算，可消纳 3 500 万吨有机肥，相当于减少化肥用量 1 000 吨。

3. 社会效益 农场通过实施中国延边黄牛标准化示范区建设项目，在延边朝鲜族自治州 8 个县（市）建立 45 个乡镇基地，带动 1 万多养殖大户增收致富。通过校企联动，每年培训专业农技人员超 60 人次、合作社社员及农户超 300 人次，直接带动周边农户就业 20 人以上。

黑龙江北大荒农业股份有限公司八五三分公司

一、基本情况

黑龙江北大荒农业股份有限公司八五三分公司成立于2001年5月，位于黑龙江省双鸭山市三江平原东部，是黑龙江省垦区大型现代化大农场之一，耕地面积110万亩，主营业务为玉米、水稻和大豆种植，绿色有机种植面积达到85.17万亩，机械化率达到95%以上。农场聚焦国家粮食安全产业带和农业现代化示范区建设，大力推进规模化标准化农业技术体系应用。2023年，粮食生产实现十九连丰，粮食总产量达5.955亿千克，生产总值15亿元。农场依托独特的文化优势和农业优势，开发多样化多层次旅游市场，将旅游与农业、文化、景观和产业发展结合，融合北大荒文化、湿地文化、稻作文化，打造农文旅深度融合创新区。

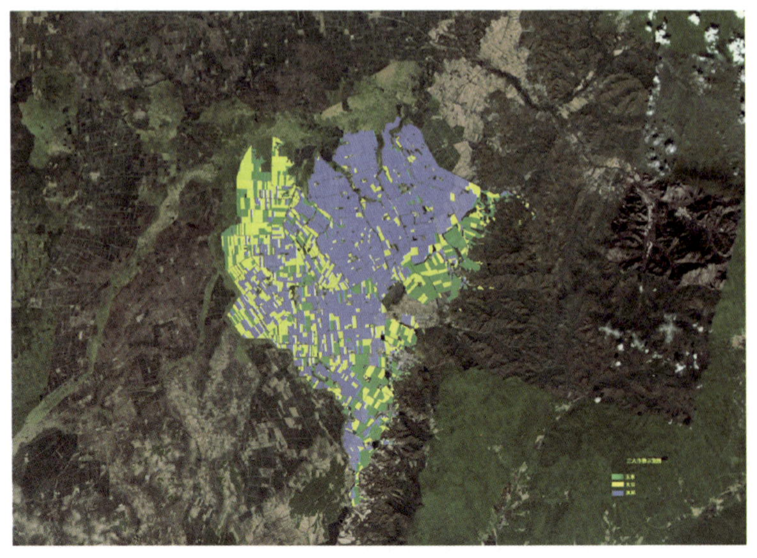

农场三大作物分布

二、经营理念

当前土壤退化、环境污染、农产品质量安全等问题日益凸显，推进农业绿色发展成为农业转型发展的重点。农场以大力推广高效生态农业模式为目标，采用“双控一服务”模式，围绕“六个替代”，构建“供、种、管、收、储、销”全过程专业化服务体系，在生产前端通过“超级团购”，实现种子、化肥、农药、机械等农业投入品一体化运营，控制采购成本，保证投入品质量。在规模化经营的基础上，推进标准化生产技术应用，如水稻侧深施肥技术、轮作技术、水田格田改造等技术。在产品销售上，采用多渠道立体销售，整合营销力量，利用新媒体宣传，打造以线上营销为主导、产销协同一体化统一管理格局，合力开拓市场。农场逐渐形成了技术上标准化、经营上规模化的绿色农业发展的生态模式。

三、做法模式

1. 生态循环农业模式 农场在管理上采用“双控一服务”模式，围绕创新农业经营体制，构建“供、种、管、收、储、销”全过程专业化服务体系。

2. 生态农业技术

(1) 实行“六个替代”措施。

① 有机肥替代化肥。通过有机肥替代化肥，推广应用生物菌肥、沼渣、沼液。

② 绿色农药替代化学农药。加强质量追溯体系建设，严格把控投入品统供、筛选优化与替代、示范推广与应用三大环节。2023 年，实现绿色生产全覆盖面积 94.03 万亩，覆盖率 85.5%。

③ 地表水替代地下水。充分利用现有水资源，扩大地表水灌溉面积，节约地下水开采量。2023 年，地表水灌溉面积达到 19.1 万亩。

④ 智能化替代机械化。优化农机装备结构，加快智能农机更新。2023 年智能化替代机械化应用面积 106 万亩，1 500 台高速插秧机全部配备北斗导航，180 台旱田喷药机安装变量喷雾控制系统，3 台收获机安装产量监控系统，提高作业效率。

⑤ 保护性耕作替代传统耕作。通过少耕、免耕技术等保护性耕作措施，采取“农机与农艺、用地与养地”相结合的方式，提升耕地质量。2023 年，保护性耕作替代传统翻耕应用面积 55 万亩，占比 50%。

保护性耕作和规模化格田

⑥ 规模化格田替代一般格田。对水田格田进行土地平整，推进格田高标准改造，激发土地潜力，提升粮食产量。2023 年，规模化格田替代一般格田应用面积 39.4 万亩，占水田面积 65.7%。

（2）水稻减肥减药技术。水稻种植过程中，采用侧深施肥技术，在根部 5 厘米处施肥，肥料利用率大幅度提高，减少化肥用量 30%。水稻侧深施肥技术具有节肥、降本、增产、减轻水质污染的优点。全面实施测土配方施肥，有机、无机、生物肥相结合，大、中、微量元素相结合，基肥、追肥、叶面施肥相结合。推广应用分期、分层及水肥一体化等施肥技术，应用缓释肥料、水溶肥料及生物肥料等高效新型肥料。针对大部分土壤富磷的现状，采取减磷增效措施，提高肥料利用效率。推进使用增效剂、消抗剂减少农药用量的技术，使农药用量减少约 20%。

水稻侧深施肥

（3）合理轮作技术。合理轮作实施面积达到 8.3 万亩，推进轮作休耕试点，旱地建立玉米、大豆“二二制”轮作制度，种植中早熟耐密玉米品种替代晚熟品种，为秋整地留充足时间。配套实施除草剂降残留危害技术和豆科作物接种根瘤菌剂技术，提高土壤生物活性和肥力水平。

玉米、大豆轮作

（4）废弃物循环利用。全面推广秸秆还田，农作物秋季收获后以机械翻埋、碎混、覆盖等方式还田，还田量为558 200吨。与德润生物质开发有限公司合作，水稻、玉米秸秆离田回收后和养殖户产出的牛粪混合，用于生物质沼气发电。沼气发电产生沼液、沼渣，用于制造有机肥5.5万吨，沼渣育苗、沼液替代化肥施入10万亩农田，提高土壤肥力及有机质含量。

秸秆还田

（5）环境治理标准化。农场设立投入品包装废弃物回收站16处，并与宝清县合作，以0.07元/个的收费标准回收农药瓶子60万余个。强化绿色通道草坪化管理，确保农田清洁，持续实施格田化建设和景观化管理，提高农场形象。

3. 应用数字化科技装备　农场打造“一中心＋四体系”智慧农业应用体系，利用农业数字指挥中心，将农作物生长信息、农机作业信息以及林、草、水、湿、耕等数据全部上图入库，实现“一图汇所有，一库观家底”。同时围绕农作物品种特性制订产前、产中、产后的智慧种植方案，购置精准气象系统、水稻长势监测设备、土壤养分监测设备、水肥一体化设备、遥感卫星定向服务设备、智能节水控制设备等690余台（套），利用数字化建模，实现数据标准化和规范化采集，形成具有农业标准化、智能化的感知、数据分析、决策和执行体系，推动全要素生产效率提升。

四、综合效益

1. 经济效益　通过一系列生态农业技术措施的实施，水稻、玉米、大豆产量增加约10%，实现了农场可持续发展和经济效益双赢。其中，智能农机作业效率提高 15%以上，节约油耗成本 12%，节约人工成本 10%，增加经济效益 2 400 万元以上。规模化格田改造方面，平均格田面积为 15～20 亩，改造后土地利用率提高 2.5%，耕地面积增加 0.7 万亩，机械效率提高 20%，节省作业费 26 元/亩，降低人工成本 13 元/亩，种植户效益平均增加 78 元/亩。

2. 生态效益 农场种植的玉米、水稻、大豆养分投入量降低，其中氮降低 16%，磷降低 10%～15%，钾降低 10%～14%，不仅降低了水稻倒伏的风险，还提升了粮食品质和口感。农药投入量减少约 20%。与传统种植模式相比，农场的水稻、玉米和大豆单位产量碳排放量分别降低 5.6%、4.3% 和 8.7%。

3. 社会效益 通过定期的技术支持和培训，提高农民种植和管理水平，辐射带动周边农业发展，促进农产品品质和产量提升，推动农业可持续发展和环境保护。

华 北 地 区

北京喜庆民丰农业发展有限公司

一、基本情况

北京喜庆民丰农业发展有限公司，成立于2012年，注册资金550万元，位于北京市房山区大石窝镇辛庄林下经济示范园，占地616亩。是一家集林草禽、林花、林药、林菌等农林复合种养，废弃物循环利用，科普教育，休闲观光等于一体的综合性产业园。农场主要生产食用菌、北京油鸡、百合、胎菊、茶菊和甘薯等产品，注册了“喜庆民丰”产品品牌。园区分为林下草地北京油鸡养殖区，占地120亩，年出栏北京油鸡1万余只；林下食用菌种植区，占地50亩，年生产各类食用菌24吨；林下作物种植区，占地90亩，年产甘薯30吨和特菜2吨；林下中草药种植区、林养休闲观赏区等，共计300亩。

二、经营理念

大石窝镇现有平原造林地2.45万亩，森林覆盖率达到45.89%，具有发展林下经济的潜力和优势。农场依托大石窝镇特有的资源禀赋、区位优势，在北京市农林科学院专家团队支持下，构建了“区＋镇＋村＋院＋企”的合作方式，以发展壮大集体经济、解决村民就业致富为目标，打造了林草禽、林花、林药、林菌等农林复合种养模式，集成了农林有机废弃物处理利用技术及示范应用。通过聘请相关专家进行现场技术指导、现场观摩及远程咨询等线上线下技术服务方式，加强科普培训和技术传授，为林场转型升级、壮大集体经济发挥积极作用，形成了可复制可推广的林下生态种养循环模式。

三、做法模式

1. 农林复合生态种养模式

(1) 林-草-禽复合种养模式。 以林草复合种植和生态循环为目标，选用适宜林地规模化种植的菊苣、鸭茅和三叶草，在林间草地低密度放养北京油鸡，配套建成小型鸡舍，形成了林-草-禽复合生态种养模式。该模式有助于提高北京油鸡胸肌、腿肌的粗蛋白、必需氨基酸和肌苷酸含量，降低蛋黄胆固醇含量，改善肉蛋品质，提高免疫力。

林-草-禽模式

（2）林下食用菌栽培模式。采用林地食用菌高棚栽培技术和林下仿野生栽培技术，建设林下高棚 14 座，种植玉木耳、赤松茸、榆黄菇、黄伞、灵芝、鸡枞菇等 13 个珍稀食用菌品种。

林下食用菌栽培

（3）林花、林药种植模式。根据不同林地郁闭度，分区种植百合、茶菊、玫瑰、马蔺等花卉品种 8 个，射干、鸢尾和桔梗中草药品种 3 个，为花卉和中草药提供了适宜的生长环境，产出百合、茶菊和胎菊等优质产品。

林下花卉种植

（4）林下甘薯和特色蔬菜种植

模式。利用幼林株行间空隙土地，种植甘薯、薄荷、蒲公英等10余个优质品种。

林下蒌蒿、甘薯、薄荷种植

2. 废弃物资源化利用　农场年产鸡粪140立方米、菌渣70立方米、玉米芯40立方米、枯枝落叶300立方米，为实现废弃物资源化利用，引进智能纳米膜堆肥技术。该技术所需的设备安装方便，便携可移动，运营成本低。通过该技术应用，实现了废弃物快速腐解发酵和资源高效循环利用，达到了清洁生产的目标，保护了园区生态环境，有力推动了林下产业健康持续发展。

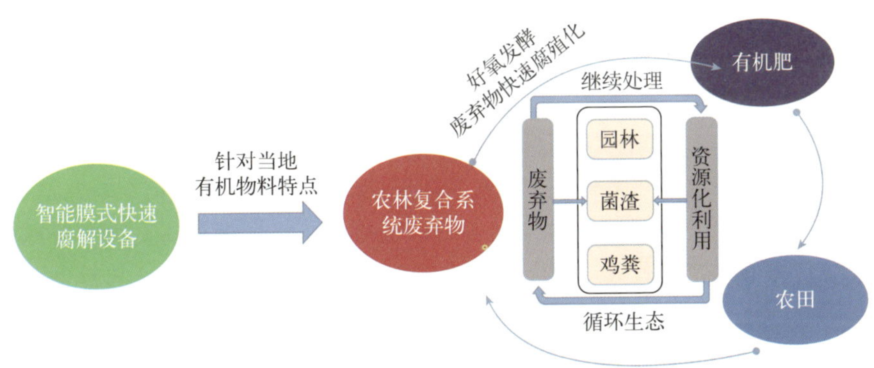

智能纳米膜堆肥技术示意图

堆肥发酵

3. 投入品减量、废弃物循环利用 废弃物生产有机肥过程中，通过高温发酵杀死了病菌和虫卵，生产出安全的有机肥产品。种植薄荷、蒌蒿等具有驱虫作用，利用粘虫板、太阳能杀虫灯、干扰器和生物杀虫剂等，实现病虫害的生物防控。农场每年收获枯枝落叶和玉米芯等有机废弃物 550 立方米，其中 350 立方米废弃物采用智能纳米膜堆肥技术沤制成有机物料，返还到种植环节，剩余 200 立方米废弃物用作林下食用菌和林下花卉等的育苗栽培基质，种养过程中不施用化肥。

4. 科普教育 建有 300 米科普教育长廊，分区打造林下花卉观赏区、林下食用菌采摘区、林下草地北京油鸡养殖区、农林有机废弃物处理区、快乐农场、生态游憩区等，开展种植养殖研究示范、科普教育等活动。打造北京市中小学研学基地，开辟学生实践场地 200 亩，科普教育场所 500 平方米，专门供中小学生开展科普教育与劳动实践，北京市农林科学院专家和专业技术人员进行现场实地教学和种养技术指导。

四、综合效益

1. 经济效益 农场通过林草禽、林花、林药、林菌等农林复合生态种养模式，生产北京油鸡、食用菌、百合、胎菊、茶菊和甘薯等优质农产品，年收入近 600 万元。林下特色食用菌年产值达 1 万元/亩，林间养殖北京油鸡年产值达 1 万元/亩，林下胎菊和茶菊年产值 0.5 万元/亩，林下百合年产值 0.6 万元/亩。

2. 生态效益 农林复合体内产生的枯枝落叶、食用菌菌渣、鸡粪等原料，通过废弃物堆肥处理装置，制作堆肥发酵有机物料，返还到园区的林下花卉、林下蔬菜、林下甘薯、林下饲草等的种植利用，实现园区农林复合系统循环，有效提升了园区土壤质量。

3. 社会效益 农场林下种养模式被科技日报、北京电视台、北京日报、中国报道网等多家媒体报道。该模式带动大兴区、平谷区、房山区和通州区等区的 10 余家种植养殖企业、合作社和集体林场，培养技术骨干 5 名，解决村民 31 人就业问题，安排临时用工 9 000 多人次。农场成为首都师范大学第二附属中学、韩村河中学等多所学校的科普培训和教学实践活动基地，累计培训达万人次以上，取得了良好的社会反响。

河北美客多食品集团股份有限公司

一、基本情况

河北美客多食品集团股份有限公司成立于2003年，位于河北省遵化市，注册资金1.3亿元，总资产9.7亿元，员工3 200人，占地600亩。主要经营两大产业链。一是肉鸡产业，已经形成从种鸡繁育、肉鸡饲养、屠宰分割到熟食制品、调理制品以及畜禽粪污资源化利用的全产业链。年养殖肉鸡3 000万只，年产速冻分割鸡、冰鲜鸡6万吨，年产高品质参鸡汤、松茸鸡汤以及盐酥鸡、鸡柳、鸡排等调理制品5万吨。二是果蔬加工产业，主要加工板栗、食用菌、干鲜果品等。建有全自动生产线，采用新含气调理工艺，生产高标准板栗仁，年可加工板栗2万吨以上。产品畅销全国，并远销日本、韩国、美国等20多个国家和地区。

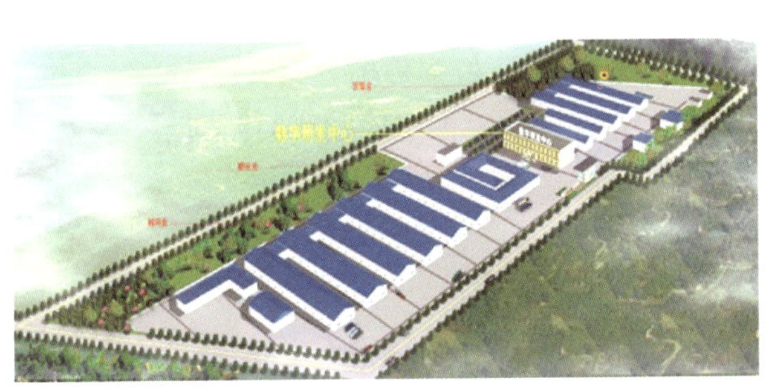

农场布局示意图

农场位于遵化市西下营乡西沟村，农场总面积7 300亩，包括板栗种植和油鸡养殖。板栗种植方面，年产绿色有机鲜板栗2 000吨，板栗具有色泽鲜艳、肉质细腻、香糯适口、营养价值高等特点。种植基地建立了产品质量可追溯体系，不打农药，不施化肥，确保产品有机、绿色，全部通过国内有机认证、日本有机农业认证（JAS）、美国有机认证（NOP）等。板栗种植基地被评为省级出口产品质量安全示范区、国家外贸转型升级基地。油鸡养殖方面，拥有全国唯一北京油鸡保种基地，油鸡年出栏100万只，已形成规模优势。农场大力发展畜禽粪污资源化利用，建成了大型厌氧发酵设施设备，将养殖过程产生的粪便以及周边废弃秸秆集中收集、处理。经固液分离后，分别做成沼渣肥和沼液肥，通过农田管网工程，将沼液按比例混合，实现水肥一体化灌溉，用于农场板栗种植，提高产品品质，提升经济效益，促进绿色生态农业发展。

二、经营理念

农场具有得天独厚的条件。一是自然环境条件，地处暖温带半湿润季风区，光照充足，空气清新，气候条件优越。二是种植条件，土壤结构合理且土壤耕层肥力强，有利于板栗种植，而且所选的板栗品种优良，包括紫珀、遵玉、东陵明珠、燕山早丰等，具有产量高，口感好，抗病虫害，经济效益较高等特点。

农场发展目标明确，通过整合资源，将板栗和油鸡有机融合，打造融合发展示范区，推动数字技术与农业增产、农民增收、品牌建设深度融合，实现资源匹配、环境友好、食品安全、效益提升。采用多途径创新发展：一是节肥、节药、节水等技术。板栗种植方面，深入推进有机肥替代化肥行动，推广有机肥施用面积 6 500 亩。油鸡养殖方面，通过良好的饲养管理、环境卫生、免疫接种及日常监测等，提高鸡群抵抗力，减少药品使用。二是规范农场管理。建立完善农业投入品采购使用记录、农事操作记录、农产品和废弃物产出记录等。建立农产品追溯体系，追溯每批农产品使用和管理情况。定期对农产品进行农药残留检测。三是加大产学研合作力度。与北京农林科学院畜牧兽医研究所建立合作关系，采用专业技术操作规程，从父母代种鸡到商品鸡，从养殖环境到饲养管理模式，从养殖场防疫程序到添加剂使用，严格按照国家养殖标准化示范体系建设标准化种养基地。

油鸡育种中心

板栗种植

三、做法模式

1. 生态循环农业模式 农场按照“种养结合、生态循环”的理念，将肉鸡、板栗两大主导产业有机融合，打造种养生态循环模式，形成“肉鸡养殖-鸡粪发酵-沼液有机肥-板栗种植-林下养殖”种养生态循环模式，实施板栗种植、油鸡养殖循环面积 7 300 亩。通过施用有机肥、沼液肥，每年减少化肥施用量 1 300 吨，土壤肥力提高，板栗产量提高 15%，产品品质提升。

2. 生态技术应用 按照《生态农场评价技术规范》（NY/T 3667—2020）的要求，根据农场实际情况，探索废弃物综合利用的生态新技术、新模式，积极拓展板栗废弃物多元化利用方式，将生产和加工过程中产生的板栗苞、板栗壳，经过粉碎转化成有机肥生产原料，有机废弃物资源化率达96%。建成大型畜禽粪便处理设施，采用“CSTR厌氧发酵＋沼渣沼液＋水肥一体化”技术，对养殖粪污进行高效处理，产生的沼液经固液分离后，通过存储池＋稀释＋管网＋农田＋果园，实现水肥一体化灌溉，有机肥、沼液肥的施用，使种植方式向低耗肥、低污染方向转变，每年减少化肥施用量1 300吨。

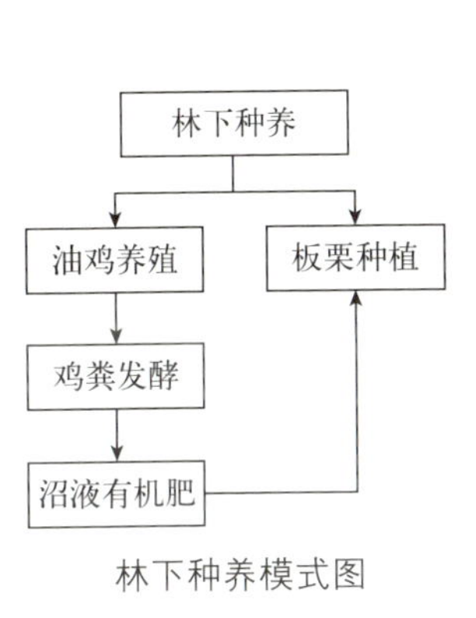

林下种养模式图

林下养殖

3. 科技装备应用 构建生态农业数字化监测体系。建设生态农业固定观测网络，重点针对生产过程中的农药和兽药等投入品、农产品产量与质量、产地环境等指标采用物联网监测、农户调查统计等方式开展长期、系统的定点观测，获取农场原始数据，为推进农场数据融合、挖掘与应用搭建共享平台，为实现互联互通、资源共建共享、业务协作协同提供数据支撑。同时构建全流程追溯体系，建设农产品质量追溯体系管理平台、农产品质量检测中心，进行产地管理信息采集、农业生产投入信息采集，完善从产地环境、投入品使用到产品检测、包装标识及质量追溯全链条的产品质量安全监管和可追溯体系。通过对产品在生长、储存、生产、包装、运输、销售等所有环节的监测，严格产前、产中、产后全过程质量监控，通过手机扫描二维码，查阅本批次农产品全生长期画面、用药记录、气候水文数据、生产实时视频，以及权威机构检测证明等。

4. 三产融合 农场依托遵化板栗资源和文化传承优势，以生态农业产业融合发展为核心，助推遵化全域农村一二三产业融合发展。一是通过农村产业融合发展示范，大力发展油鸡全产业链和果蔬加工产业，促进产业融合，完善农产品加工产业链，打造肉鸡鲜活农产品、特色农产品和冷链物流体系。通过产业链的建设，顺势推动农产品加工、休闲农业、电子商务等产业发展，拓展农业多种功能，合理配置资源，发挥各自优势。二是吸纳当地劳动力、带动农民专业合作社、板栗种植农户、油鸡养殖户等，逐步形成以农场为中心的经济辐射区，带动周边商业经济发展，提高农民生产生活水平，促进地方农业农村发展方式转变，提升农业综合生产能力。三是通过绿色、有机、生态原产地，生态食材产品生产推广，优良品种种植示范推广，秸秆废弃物资源化利用技术等，显著提高农产品品质，提高当地生态产品供给能力，创建生态品牌，推进一二三产业融合发展。

鸡肉、板栗加工

5. 建设完善的联农带农机制　一是通过采用“公司＋合作社＋基地＋农户”模式，通过土地流转方式，与农户签订土地流转协议。农户按照自愿原则，参与板栗种植、油鸡养殖经营和管理，带动农户从而成为养殖户、种植户等农业产业化主体。统一提供种苗、鸡雏及饲料等，统一技术指导，统一回购板栗、成鸡。市场波动时，以保护价收购毛鸡，确保养殖户利益。二是建设遵化市油鸡产业联合体、遵化市肉食品加工产业化联合体等产业联合体，吸纳并带动上下游企业、合作社、家庭农场、养殖农户等，进一步推动农业产业化发展。三是辐射带动周边乡镇发展肉鸡产业，扩大周边农业产业化规模。通过完善的联农带农机制，促进农民增收、农业增效、农村繁荣。

四、综合效益

1. 经济效益　2023 年，农场取得了良好的经济效益，实现年总收益 1 800 万元。板栗种植方面，年产鲜板栗 2 000 吨，实现收益 500 万元。油鸡养殖方面，年出栏油鸡 100 万只，实现收益 1 300 万元。

2. 生态效益　农场积极探索种植、养殖废弃物资源化利用方式，将板栗苞、板栗壳等废弃物粉碎变成有机肥生产原料，杜绝了废弃物焚烧处理的现象。通过大型畜禽粪便处理设施，对粪污进行高效处理，产出的有机肥、沼液肥等用于种植过程，既能提高土壤肥力，又能改善农产品品质，促进种养生态循环，有效提高了周边生态环境质量水平。

3. 社会效益　农场采用“公司＋合作社＋基地＋农户”模式，带动上下游企业 5 家、合作社 12 个、家庭农场 15 个、种养农户 5 000 户，间接带动劳动力就业 1.5 万人。

武安市禾旺家庭农场

一、基本情况

武安市禾旺家庭农场成立于2014年8月，注册资金50万元，位于河北省邯郸市武安市北安庄乡。农场规划面积5万亩，其中种植面积4.4万亩，丘陵坡地0.6万亩。农场涉及2个乡镇27个行政村11 000多农户，辐射周边近100平方千米，是一个集种植业、畜牧业、加工业和旅游观光于一体的现代农场。农场现有流转土地5 000多亩，各类农业机械50多台，肉牛养殖场1个（年出栏3 500头肉牛），6 000立方米的青贮池2个，270立方米的高温好氧发酵罐3个，有机肥厂1个（年产生物有机肥1.2万吨），小米自动化生产线2条（年产2万吨小米）。农场划分为4个片区，分别是生态种养区、科研培训区、生态功能区、观光旅游区。农场以小米种植为主导产业，以畜牧养殖为辅助产业，通过畜-沼-农的生态循环模式，促进沼气工程清洁能源再利用，实现种植业和养殖业的有机结合，同时发展农产品深加工，全面打造循环发展的山区现代化农场。

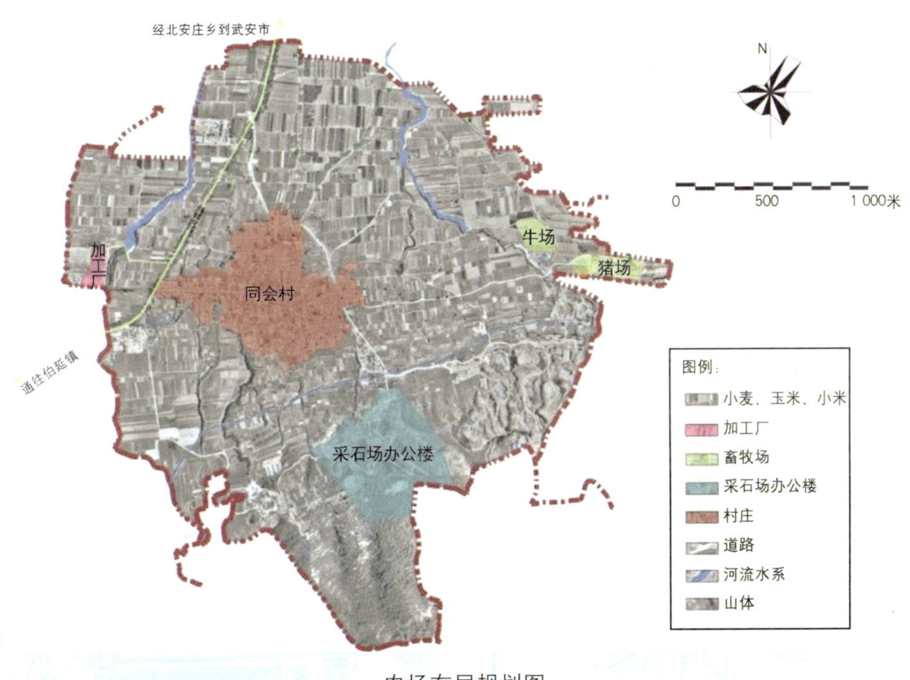

农场布局规划图

二、经营理念

农场坚持“绿色武安、产业跨越”发展要求，秉承人与自然和谐发展、农业与乡村特色相结合的发展理念，以建设“武安特色、环境一流”的生态休闲福地为目标，规划弘扬小米文化与发展农业产业的总体思路，利用生态养殖产生的粪便为绿色种植提供肥料，形成“畜、沼、农”为一体的现代循环农业发展模式。农场坚持以市场为导向，以科技为支撑，以发展优质、高效、生态的现代农业产业为核心，以促进农民增收为目标，积极转变产业发展方式，着力构建现代生产体系、科技支撑体系、质量安全保障体系和产业化经营体系，融合生态农业、农耕文化、农业景观，全面提升农场的示范功能和休闲观光功能。发展目标为培育一批市场效益好、知名度较高的特色品牌，提高通过绿色或有机认证的农产品数量，开发农业生态休闲产品，举办有一定影响力的农业活动，提升农场影响力，将农场建设成规模较大、特色鲜明、效益良好的农业产业化龙头企业。

三、做法模式

农场集种植、养殖、加工于一体，生产过程采用“种-粮-畜-沼-肥-种”的生态循环模式。

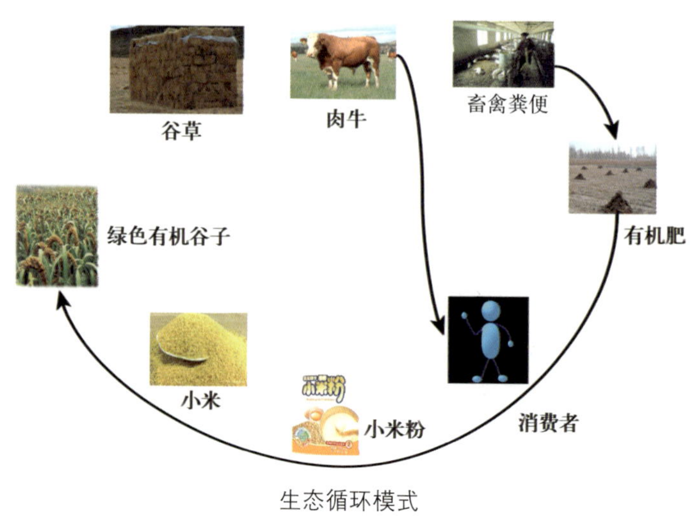

生态循环模式

1. 绿色种植　在“绿色精品、生态高效、错时错位、优质优价”原则的指导下，围绕小米、青贮玉米等产业，按照绿色种植生产技术规程，采用“六统一”种植方法，实施优质谷子标准化示范种植，保证种植小米的产量和质量。一是实施有机肥替代化肥。目前农场养殖肉牛 1 000 头，年产粪便约 1.2 万吨，农场种植面积 4 580 亩，每亩可施用牛粪便 2.5 吨，牛粪便的氮含量在 0.3%～0.45%，每亩地每年可减少纯氮量 7.5～11.25 千克。谷子种植过程中，每亩需氮量 10 千克左右，2.5 吨牛粪可满足一季谷子生产的需氮量。二是病虫害绿色防控。采用杀虫灯诱杀成虫、防护林吸引有益生物、农闲时清除杂草等方式减少病虫源，降低病虫害发生概率，减少农药用量。采用生物农药蛇床子防治常见病虫害，如谷子锈病、黏虫等。三是节水灌溉，减少水资源浪费。农场共有水浇地 2 580 亩，通过高标准农田项目建设，1 680 亩水浇地实现管道灌溉，900 亩实现喷灌，可节水 30%～50%。四是作物秸秆综合利用。农场每年种植谷子 2 000 亩、玉米和小麦各 2 580 亩，年产生秸秆约 3 万吨，将秸秆全部饲料化，可为养殖肉牛提供约 3 万吨粗饲料。五是加强科研合作。与河北省农林科学院谷子研究所合作，满足土壤测土配方，以及谷子等产品品质分析、检测化验等需要，为农场科学施肥提供技术支撑。

飞防、杀虫

2. 畜牧养殖数字化 养牛场占地 80 余亩，年出栏优质肉牛 3 500 头，推行标准化、现代化养殖，采用自动饮水、自动通风、阳光板采光补温、带穗青贮、精料添加、全进全出等精准化肉牛饲养技术，与周边农户建立紧密利益联结机制，开展订单生产，带动农户扩大养牛规模。通过实施规模化养殖场畜禽粪污资源化利用整县推进项目，在原有的肉牛养殖规模基础上继续扩大，实现年出栏西门塔尔牛肉牛 5 000 头，同时养牛场的粪污处理利用设施、饲草料基地建设等方面显著完善，建立了“绿色种养结合、粪污资源利用、生态环境保护”的生产模式。另外，建有机肥加工区，利用沼渣生产生物有机肥 500 吨，利用生猪粪污生产颗粒有机肥 3 600 吨、有机无机复混肥 10 000 吨，利用肉牛粪污协同麦秸生产堆肥 60 000 立方米（消纳麦秸 43 500 立方米）。

肉牛养殖

林下养殖

3. 水果采摘区种养结合 农场建有果园采摘区，果园采用林下养殖模式，鸡吃果园害虫，鸡的粪便还田为果树提供营养，既减少农药化肥用量和劳动用工成本，又提高水果品质，提供大量优质土鸡和鸡蛋。

4. 生产、收购、加工一体化 农场以 5 000 亩标准化农田为生产基地，辐射带动周边 4.5 万亩基本农田实现生态绿色种植。采用生产、收购、加工一体化发展，注册"杨氏田乡源""磁山粟""龙仓""米乡乐"等农产品系列商标。积极探索"物联网+"的发展模式，以网站为线上窗口，宣传推介产品，线下建立农产品物流配送中心，配备专门车辆 20 台。农场现有"杨氏田乡源""磁山粟""米乡乐"等绿色有机精包装小米和"龙仓"驰名品牌系列食用油等产品畅销省内外，深受广大消费者欢迎。

四、综合效益

1. 经济效益 2023 年，农场总产值 30 392.95 万元，生产成本 25 953.685 万元，年利润 4 439.265 万元。其中养殖与加工部分年产值 24 060.1 万元，利润 1 311.4 万元。中药材与有机肥加工年产值 1 729.85 万元，利润 726.595 万元。采摘园年产值 567 万元，利润 226.8 万元。

2. 生态效益 农场秉承"绿色、低碳、生态、环保"的建设理念，坚持发展"畜-沼-农"生态循环模式，通过标准化生产，采用有机肥替代化肥、测土配方施肥、秸秆制备养殖饲料、节水灌溉、病虫害绿色防控等生态农业技术，使农产品质量提高、生产环境改善，形成了特色显著、效益突出、可持续发展的产业体系，实现了绿色生产、循环发展。

3. 社会效益 采用"企业+科研单位+家庭农场+农户"经营模式，推动形成区域生产专业化、经营产业化、服务社会化和管理科学化的农业生产格局，实现农民人均纯收入超过 28 000 元。农场与河北省农林科学院谷子研究所、河北农业大学、浙江大学、正大集团等单位开展合作，引进新技术，成立专家服务中心，累计举办各类培训班 12 期次，培训农民 3 500 多人次，联农带农效果显著。

山西桦桂农业科技有限公司

一、基本情况

山西桦桂农业科技有限公司成立于 2014 年 5 月，位于山西省太原市阳曲县，注册资金 1.27 亿元，占地面积 2 300 余亩，是一家以湖羊纯种繁育、杂交改良、品种推广为主，兼具果蔬采摘、休闲旅游、森林康养功能的现代农业生态产业园。农场建有羊舍 8 栋共 11 520 平方米，饲养基础母羊 600 只，羊存栏 2 500 只，羊出栏可达 4 000 余只，种植果园 180 亩，绿化树种 20 万余株，铺设草坪 500 余亩，林草覆盖率达到 75%。农场分为羊场和果树种植区两部分，羊场现使用 4 栋羊舍，分别为 2 栋产羔哺乳舍、1 栋种羊配种舍、1 栋断奶羊育肥舍。果园种植区，种植果树 5 400 余棵。以苹果种植为主，品种有丹霞、嘎啦、富士、藤木 1 号、黄香蕉等；除苹果外，还种植蟠桃、杏、葡萄、西梅和山楂等。果园依托山西省农业科学院，根据先进果园管理经验，制定科学合理的管理制度，苹果树体采用纺锤形，施用以羊粪为主的有机肥，科学施用低毒安全生物农药。

农场鸟瞰图

二、经营理念

农场坚持绿色生态循环发展理念，在保持原有自然地形和生态农业生产完整性的基础上，采取专业合理的设计，实现园内不同功能分区。充分利用现有农作物景观特点，将园区建设成具有鲜明特色的，集养殖、种植、休闲、旅游于一体的生态农业产业园。

三、做法模式

1. 循环农业 农场养殖羊、种植果树，道路两边空地种植的苜蓿为羊群提供了优质草料，羊粪作为肥料用于果树种植，果树枝条也可打碎用作羊饲料，形成农场内部小循环。羊舍顶部装有光伏发电板，为羊舍提供清洁能源。

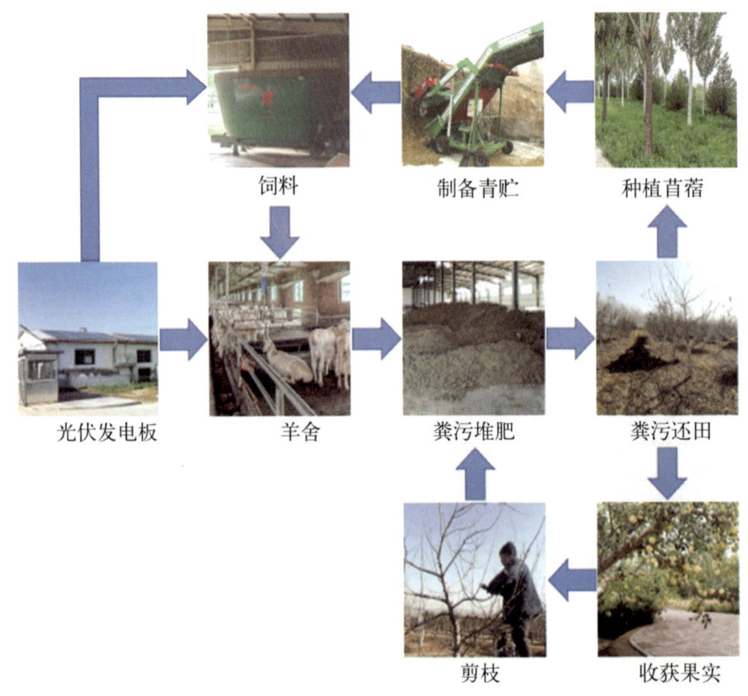

循环农业示意图

2. 智慧农业 2021年开始引入桦桂农业繁育管理系统，管理系统主要包括全场概况、生产提示、统计报表、育种中心、繁殖管理、诊疗中心等12个模块。生产管理中最常使用的是繁殖管理，可帮助记录羊群配种、测孕、产羔、断奶一系列数据，同时生产提示也会及时提醒饲养员进行下一步工作。繁育系统可在手机端和电脑端共同操作，方便生产管理。在羊场设施方面，引进B超仪、电子显微镜、体视显微镜、离心机、高压灭菌锅、干燥箱、腹腔内窥镜、恒温板、水浴锅、称重系统、TMR搅拌机、青贮取料机、自动撒料车等相关设备和设施，能做到对羊只养殖和疫病防控精准判断，保证及时更改饲喂模式，及时准确用药，减少资源浪费，有效提高养殖效率，保障动物福利。

农业繁育管理系统

羊舍

3. 病虫害防控 安装太阳能杀虫灯，利用梨小食心虫和苹果蠹蛾具有较强趋光、趋波、趋色、趋性特性的原理，引诱害虫扑向灯的光源，使害虫落入专用的接虫袋内，达到灭杀害虫的目的。从 3 月中旬至 10 月中旬，可以有效诱杀梨小食心虫和苹果蠹蛾。运用物理杀虫装置，可有效减少农药施用。

4. 资源利用 一是节水，饲养员根据羊的饲养量加水，并按照季节调整水量，减少水资源浪费。果园安装滴灌系统、铺设地布，既节约灌溉水，也减少水分蒸发。二是节地，羊场实行集约化饲养。三是节劳，羊场实行机械化饲喂，每个羊舍配备 1 个饲养员，提高人力资源效率。果园通过节水灌溉、地布铺设、旋耕机锄草等，明显提高了劳动效率。四是废弃物资源化利用，采取干法清粪工艺，将羊场羊粪及时、单独清理，不可与雨水混合排出，并将清除的羊粪及时运至堆粪场，实现日清日出。对清粪车、清粪工具、道路进行消毒处理。建有标准化堆粪设施 4 000 平方米，羊粪经堆积发酵 2 个月后，全部进入果园和农田，实现资源化利用。

果园灭虫、节水灌溉、铺设地布

四、综合效益

1. 经济效益 养殖方面，湖羊种母羊销售价格约为 1 700 元/只，种公羊的销售价格约为 3 000 元/只，年增加经济效益达到 50 万元以上。果园种植方面，水果销售 6 万千克，年收益约 36 万元。

2. 生态效益 2020—2023 年农场养殖的湖羊产羔率显著提升，达到 225%，羔羊存活率达 98%，种羊价格高出市场价 4～6 元/千克。此外，通过物理防虫、节水灌溉、羊粪还田、光伏发电等方式，每年可减少成本 20 万元以上。

3. 社会效益 农场通过提供就业岗位、农业技术培训、订单收购饲草料、土地流转等方式，带动近 500 个农户实现增收。此外，农场还建立了青少年劳动实践基地，2023 年开展青少年活动 26 次，共计 2 万余名师生参加。

吕梁长青农牧科技有限公司

一、基本情况

吕梁长青农牧科技有限公司成立于2011年，注册资金300万元，位于山西省吕梁市文水县刘胡兰镇段城村。农场占地面积300多亩，现有日光温室40座，高标准育苗温室2座，休闲垂钓园15亩，畜牧养殖区30亩，高标准冷藏库4 000立方米，工厂化循环水养殖面积1 500立方米，畜禽粪污发酵收储中心3 000立方米。目前温室种植面积120亩，露天种植面积60亩，种植品种包括番茄、西葫芦、黄瓜、豆角、茄子、辣椒、草莓、火龙果、葡萄等。种植过程均按照绿色食品标准严格进行，推广使用可降解地膜、生物农药、防虫网、杀虫灯、遮阳网等绿色无害化技术。建立蔬菜绿色检验监测体系，对蔬菜生产过程中进行跟踪检测，确保蔬菜质量安全。注重农业生产管理培训，定期组织开展蔬菜种植技能培训。农场建有15亩生态垂钓园、1 500立方米散养蛋鸡场，配套建有4 000立方米畜禽粪污收储发酵中心。通过引进山西大学应用化学研究所“二段式固体发酵”大田生物配肥技术，可将鱼粪及养殖所产生的畜禽粪污固体废弃物通过发酵腐熟变成优质生物有机肥供温室种植使用，整体形成种养结合绿色循环发展模式。农场种植的番茄、西葫芦、黄瓜、豆角、茄子、辣椒等产品已通过绿色食品认证。

农场鸟瞰图

农场种植的蔬菜、水果

二、经营理念

农场以绿色、生态为发展目标，以循环经济模式为发展路径，建立了特色的种养循环发展模式。将温室种植、畜禽养殖、水产养殖高度结合，畜禽养殖产生的废水可直接投喂鱼虾，产生的固体废弃物发酵腐熟变成优质有机肥后可供温室种植使用，水产养殖所产生的废水又可成为种植所需的肥水，高效合理地推动种植业和养殖业的有机绿色结合，逐渐形成了种植、养殖、加工、服务、旅游并举的产业发展格局。

三、做法模式

1. 节水节肥技术 农场的日光温室均完成了地下管道铺设，全部接有滴灌设施，并配备喷灌、水肥一体化等节水节肥设施，可有效提升农场水资源利用率。积极推广滴灌、喷灌、管灌等节水技术，推进自产有机肥替代化肥，选用生物农药。积极与山西大学应用化学研究所、中化现代农业科技有限公司等单位开展合作，推进应用实施了设施蔬菜半基质栽培技术、大田生物配肥及施用技术等，有效推动秸秆还田、有机肥代替化肥等措施实施。

灌溉设施

2. 废弃物资源化利用 农场建

有 1 500 立方米工厂化设施渔业养殖场，配套建设有 3 000 立方米畜禽粪污发酵收储中心。养殖所产生的废水通过物理二级沉淀、微滤机过滤进行固液分离，固体鱼粪、残料废弃物可与牛羊粪共同进行发酵腐熟变成优质有机肥供温室施肥使用；废水经过紫外杀菌设备杀菌，机械化深层次过滤后，配合水肥一体化设备形成肥水还田。高效合理地推动了种植业和养殖业有机绿色结合，节约生产成本的同时有效提升农业产值，并推进养殖业绿色无害化发展，有效助力建设生态可持续发展的农业环境。

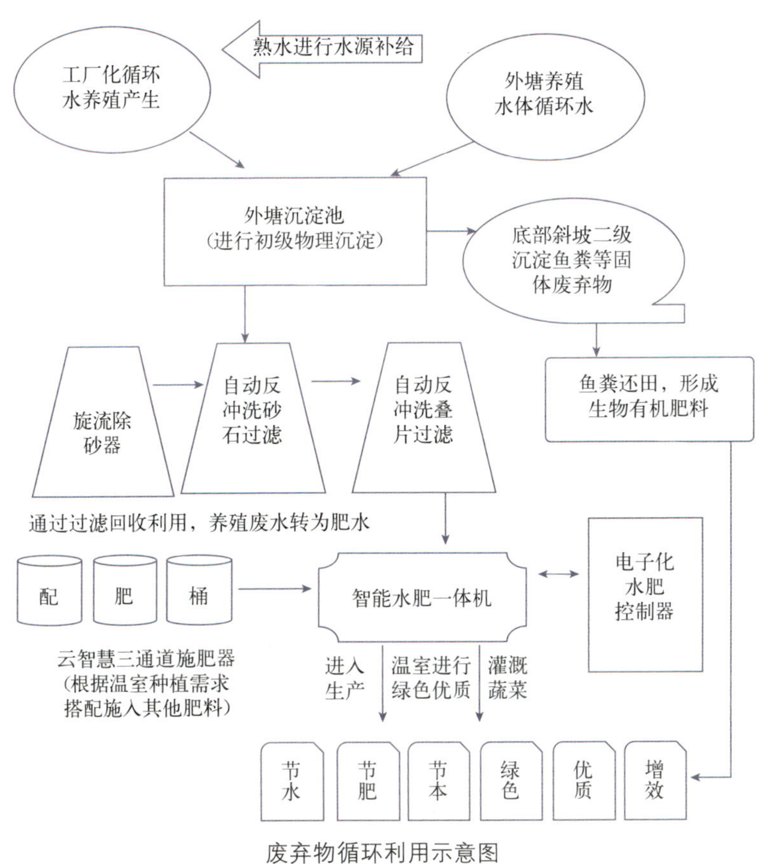

废弃物循环利用示意图

3. 绿色防控技术 温室采光区内种植苜蓿、三叶草等绿肥植物，实施间作、套作以及轮作，每年换茬期采取高温闷棚的措施，并进行生物熏蒸消毒，提高温室持续种植能力，保持土壤肥力。虫害管理方面，常年养殖蜜蜂 15 箱，防治各类田间害虫，棚内悬挂黄板，病虫害高发期在底风口铺设防虫网、棚内悬挂杀虫灯。温室内采用生物质地膜覆盖除草，农场内田间道路则每年最少进行 4 次人工除草。

蜜蜂养殖

四、综合效益

1. 经济效益 2023 年，农场种植的蔬菜、水果等农产品年产量达 1 800 余吨，畜禽水产品养殖产量达 50 余吨。年销售收入约 4 120 万元，年利润达 271 万元，经济效益显著。

2. 生态效益 农场坚持绿色生态发展，在生产过程中严格按照绿色食品标准管理，减少农药化肥用量，多种产品通过了绿色食品认证。通过种植绿肥、土壤熏蒸、悬挂黄板、布设防虫网等多种生态农业措施，提高土壤质量，保护农场生态环境。

3. 社会效益 积极带动农户参与产业发展，通过公司＋合作社＋农户的经营模式，吸纳周边农户以加盟、入股等形式加入农场，农户一方面可以获得效益分红，另一方面可获得较为稳定的就业机会，有效促进农户就业增收，带动周边农业产业发展。

华 东 地 区

上海松林食品（集团）有限公司

一、基本情况

上海松林食品（集团）有限公司创建于 1992 年，注册资金 3 255.45 万元，总部位于上海市松江区。年出栏商品猪 25 万头，种植水稻面积 1.5 万亩，是目前上海市域内生猪自繁自养规模最大的生产基地。农场下属五个大型种猪场，饲养生产母猪近 12 000 头，肉猪由 91 个种养结合家庭农场和 1 个大型商品猪饲养基地饲养。生猪屠宰加工厂年屠宰及加工能力为 100 万头，主要生产销售冷鲜猪肉、调理食品、腌腊食品，开设了 150 多家“松林牌”猪肉直营店、商超店和电子商务销售平台，形成了集种猪繁育、肉猪生产、饲料加工和产品销售于一体的养猪全产业链。2007 年农场注册了“松林牌”大米品牌，种植优质水稻，选种、育苗、栽培、施肥、施用农药、收割、加工、销售均由公司统一指导、管理，形成了大米种产销一体化产业链。“松林牌”猪肉和大米产品以高品质享誉沪上家庭餐桌，同时也在全国性多个展会如绿博会、农产品交易会等获得金奖。

农场景观

二、经营理念

农场坚持以绿色、质量、效益为目标，以种养结合和全产业链为手段，发展生态农业，走出一条绿色高效的种养结合循环发展道路。2008 年，实施种养结合家庭生态农场模式，利用自身龙头企业的优势，形成了“龙头企业+农场”农业产业化联合体。统一供苗、供料、服务、收购，每个种养结合家庭生态农场全年可饲养肉猪 1 500 头。猪场周边通过农民土地流转配套 150 亩粮田播种优良粳稻品种松早香 1 号、松 1018。“一片粮田+一座小型养猪场”种养结合家庭农场真正实现农牧结合。“猪粮型”种养结合有效解决了养殖粪污污染环境的问题，促进粮田土壤持续改良，保障生猪产品供给和质量安全。农场通过全产业链经营，实现了从卖生猪向卖猪肉、从卖稻谷向卖大米的转变。

松林全产业链模式

三、做法模式

1. 生态（循环）农业模式　农场采用猪-沼-粮种养结合生态循环农业模式，利用厌氧发酵技术，将养殖场粪尿转化成沼气和沼液，既开发了清洁生物质能源，又解决了规模化养殖的环保问题，实现了环境、能源、企业经济的三重效益结合。

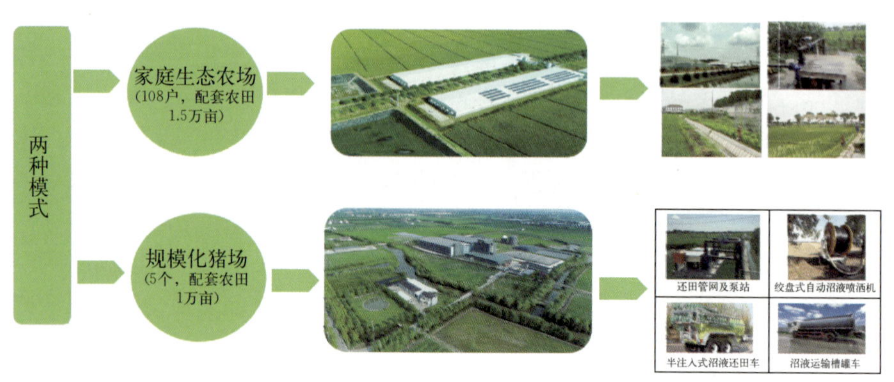

种养结合生态循环农业模式

2. 生态技术应用

(1) 种养结合家庭农场猪粪资源化利用技术。猪粪尿通过漏缝地板长孔流入排粪沟和暂存池。一个批次生猪饲养结束后（3～4 个月），将圈舍清洗污水与猪粪尿一起形成的水泡粪通过排污泵经管道打入田间储存池发酵，在田间发酵池内厌氧发酵 6～9 个月。发酵后的猪粪肥作为粮食作物的“基肥”或“分蘖肥”，通过淌、喷灌的形式就近还田。每年根据耕种季节，还田 2～3 次。厌氧发酵产生的沼气，用于生活和生产，也用于沼气发电，降低猪场用电成本。

（2）规模猪场猪粪资源化利用技术。以叶榭智能化种猪场为例，采用平板刮粪进行粪污处理，自动化控制、定时清理舍内粪污，减少楼房楼面荷载的同时，降低舍内氨氮含量，刮出后独立管网分层汇集到底部管道再进行全粪尿液处理。在猪粪尿资源化利用上，按照环保节能减排的模式，采用国内成熟领先的技术——CSTR 工艺与设备、沼气锅炉及火炬工艺与设备、固肥高温发酵工艺与设备。建成一个 3 000 立方米的一级 CSTR 厌氧罐，一个 720 立方米的二级一体化厌氧罐，一套 89 立方米的高温好氧发酵罐。设备日处理混合猪粪尿约 200 吨，即年处理猪粪尿约 7.3 万吨，日产沼气约 2 000 立方米，即年产沼气约 73 万立方米，日产沼渣约 10 立方米，经过处理后作为有机肥原料。

智能化猪场资源化利用处理区

规模化楼房式种猪场外景

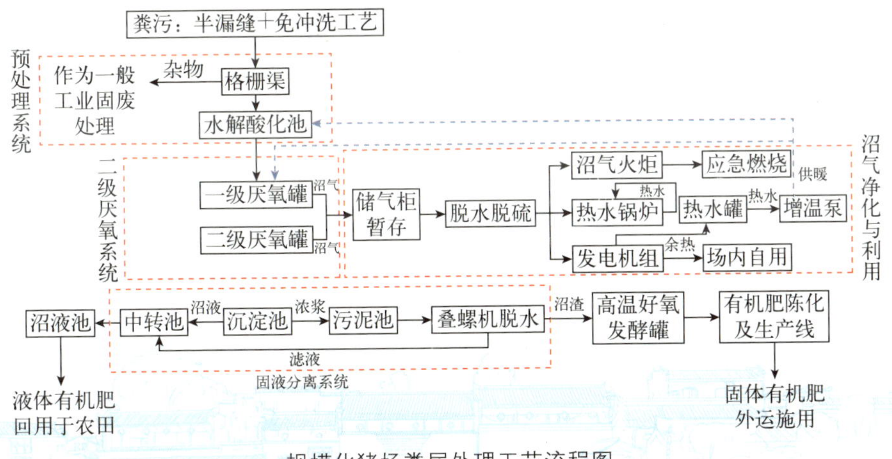

规模化猪场粪尿处理工艺流程图

(3) 水稻种植。依托种养结合家庭农场模式，坚持以循环利用为核心，把养殖场的猪粪和尿液发酵腐熟为有机肥，满足水稻生长需求，减少化肥的用量。

坚持“预防为主，综合防治”原则，优先采用农业防控、生态生物防控、机械物理防控，科学开展综合防控。对杂草实施“养草灭草”措施，减少田间杂草发生，对田间杂草采用人工除草，田埂边、水沟做到机械除草。稻田杂草防控技术到位，保证水稻品质和环境友好。病虫害防治方面，选用抗性强的品种，并定期轮换，保持品种抗性。合理耕作，轮作换茬，冬闲田种植绿肥作物，打捞残渣，培育壮秧、健身栽培。利用诱捕器控制二化螟、稻纵卷叶螟的发生和危害，利用种植香根草、百日菊及释放天敌青蛙等方式控制和减少虫害的发生。秸秆还田，改良土壤、增肥地力，实现废弃资源循环利用。

秸秆还田

病虫草害防治措施

(4)“向天要空间”，创新发展克难关。2020 年农场建成楼房式智能化养猪场，实行集约化规模饲养、智能化自动管控、生态化绿色饲养的现代化生猪饲养模式。与同等规模传统猪场相比可节省用地面积 80%，年沼气可发电 300 万千瓦时，同时为周边上万亩农田提供优质有机肥，实现产能高效、资源节约、环境友好的高质量发展。

(5) 坚持绿色产业布局。2017 年，农场在上海范围内最早启动推行“无抗”养殖生猪认证。2019 年，1.43 万亩松林大米通过绿色食品认证，获得绿色食品 A 级证书；2020 年 898 亩松林大米通过有机食品认证，实现了绿色、有机大米全覆盖。2020 年末，获得生猪养殖绿色食品证书。

3. **科技装备应用** 农场在规模化养殖的同时，还利用物联网、5G、数字孪生等技术，建设基于数字底座的智能化、数字化养殖场，涵盖数据采集、环境控制、饲料投喂、能源监控、废弃物资源化、数字化综合管理等。这些创新不仅提高了农业生产的效率和质量，还实现了动态感知、智能控制、精准作业等多项功能。基于农场配套的 ERP 平台、销售管理平台、协同管理平台等多平台信息共享，实现数据高度融合，通过数据分析和应用开发，为状态预警、质量提升、效率提升、成本降低、服务与管理改善提供支撑，展现出特大型城市生态农业的新思路。农场的信息化管理模式于 2023 年被农业农村部认定为“全国农业农村信息化示范基地”。

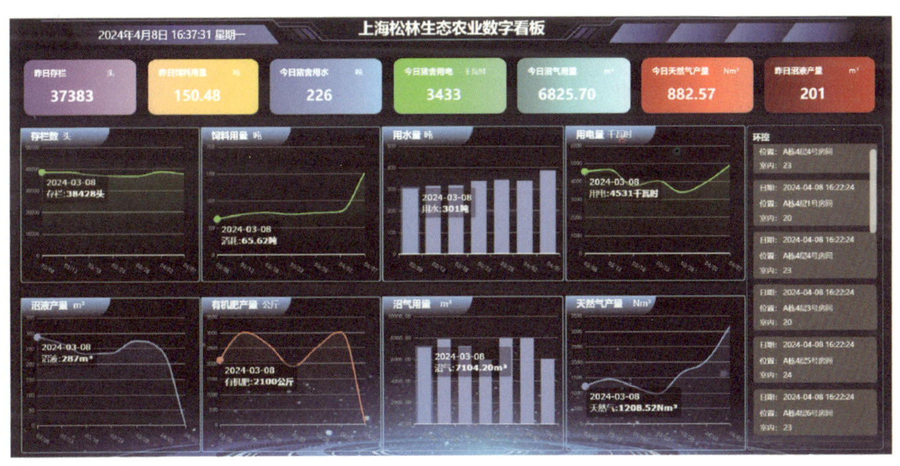

上海松林生态农业数字看板

4. **三产融合** 2013 年建立了肉猪屠宰加工厂，引进了先进的屠宰加工设备，自动化程度高，加工工艺先进，肉品在安全、卫生、优质等方面具有明显优点。2014 年起陆续开发了肉食品深加工产品，优化了产品结构。开设 150 多家“松林牌”猪肉专卖店和电子商务销售平台，提供 50 多个品种规格的冷鲜肉产品及丰富的加工系列产品以及多品种大米的专业销售服务，实行“产、加、销”一体化规模经营。

5. **其他做法** 沼气中甲烷含量达到 60%，是理想的生物天然气原料。农场在廊下猪场建设了规模化养殖场沼气提纯天然气项目，通过提纯净化设施，并入上海燃气管网，提纯后的副产品二氧化碳供基地周围蔬菜大棚使用，实现种养结合循环生产和减排固碳。

四、综合效益

1. 经济效益 2023 年，全年出栏商品猪 212 275 头，家庭农场（121 789 头）代养收入 1 096 万元。水稻面积 15 224 亩，农场以高于国家指导价收购稻谷使农户共增收 537 万元。有机肥还田 2.8 万亩，化肥节支约 420 万元，解决农村富余劳动力 735 人就业问题，全年员工工资性收入 6 587 万元，共计全年带动农民增收 8 640 万元。

2. 生态效益 养殖生产过程中的猪粪尿等有机废弃物集中收纳、科学处理，转化成能源和肥料，还田资源化利用，彻底解决了传统养猪模式“脏、乱、臭”的弊端。不仅从根本上解决了规模化养殖的环保问题，还改善了土壤质量，土壤有机质含量同比提高 13%～18%，蓄水蓄肥能力也得到提高，化肥用量减少 50%以上，恢复了农田生态链。在促进上海都市农业有机废弃物 100%资源化利用的同时实现了减成本、降排放、增效率的效果，让动物、植物和微生物真正循环联动，促进农业绿色高质量发展。

3. 社会效益 种养结合生态循环的生产模式使生猪产业在退养与发展中寻得平衡。在全国非洲猪瘟疫情严峻的态势下，种养结合家庭农场的适度规模、田园分散式养殖模式可有效防止非洲猪瘟疫情传入，确保了辖区内生猪生产稳定和市场供应。通过以上海松林食品（集团）有限公司为龙头企业建立的“公司＋家庭农场”模式，形成了企业与农户之间的产业联合协作体系，提高了农业生产组织化程度和经营水平，推进了农业和农村经济结构调整，提高了农业综合生产能力，促进了农业增效、农民增收，为上海都市现代农业高质量发展、乡村振兴发挥了一定作用。

江苏洋宇生态农业有限公司

一、基本情况

江苏洋宇生态农业有限公司成立于2012年，注册资金5 699万元，位于泰兴市国家级现代农业产业园区，是一家集生猪养殖、果树种植、特禽养殖、光伏发电、沼气发电、休闲观光、生态旅游于一体的生态循环型农业企业。

农场鸟瞰图

农场总面积7 043亩，分为4个基地，分别是畜禽养殖基地、林果种植基地、稻麦种植基地和生态循环配套基地。畜禽养殖基地面积443亩，建成14万平方米的标准生猪养殖场3座，建有标准化猪舍158栋，饲料加工间2幢。存栏祖代种母猪2 400头，父母代种猪5 000头，年上市外三元商品猪12万头，林间散养3.5万羽北京油鸡，年上市优质鸡蛋400万枚以上。林果种植基地2 000亩，并建成1 000亩苗木基地，注册商标有“金洋宇”“苏翠梨”，年上市优质苏翠梨、泰兴雪梨200万千克以上。稻麦种植基地3 600亩，年产优质稻米和小麦370万千克以上。生态循环配套基地，配套消纳沼液蔬菜田5 200亩，建成粪污收集池1 200立方米、CSTR厌氧发酵沼气罐4 000立方米、盖泻湖式厌氧发酵沼气池7万立方米、沼液储存池5 000立方米，日处理污水300吨的污水处理工程、果蔬园滴灌工程12千米和年产15 000吨的有机肥厂。

林果、稻麦种植

通过有机肥和沼液浓缩液的集中生产与调度，实现养殖及秸秆废弃物的零排放，最大限度地提高土地生产能力和农业整体经济效益，真正实现“以农促农，以农养农”的良性循环，走出了一条“猪-沼-果蔬粮”循环高效的“洋宇模式”，该模式曾被《新华日报》、《农民日报》等媒体报道，并在全国范围内推广。

二、经营理念

农场以生猪养殖为龙头，以“沼渣、沼液、沼气”综合利用为纽带，联动果、粮、菜种植，秉持科技支撑、综合开发、生态循环、绿色发展的理念，按集约化、标准化、组织化运作的绿色可持续发展模式，重点打造“猪-沼（肥）-粮-林-果-电-游”生态循环全产业链和立体利用模式，形成了种养结合、农牧循环的可持续发展格局。农场立足资源优势，将生态循环农业发展与产业帮扶结合起来，2019年牵头起草的《产业帮扶“猪-沼-果（粮、菜）”循环农业项目运营管理指南》（GB/T 41249—2021），已于2022年7月1日正式实施，推动了种养结合循环农业项目和产业帮扶的可持续发展。

三、做法模式

利用畜禽粪便进行沼气发酵，发酵产生的沼渣、畜禽干粪、秸秆、蔬菜尾菜及中药渣等用来生产有机肥；沼液进入氧化塘后，经过水处理系统生物降解后，90%直接用于果园和农田的灌溉施肥，10%的沼液浓缩作为营养液肥；沼气用于发电，年发电量可达560万千瓦时。以沼气工程为纽带，实现了养殖废弃物全量利用、农田化肥减量、种养结合、循环利用、绿色发展的目标，走出了一条“猪-沼-果蔬粮”为一体的高效循环发展模式——“洋宇模式”。

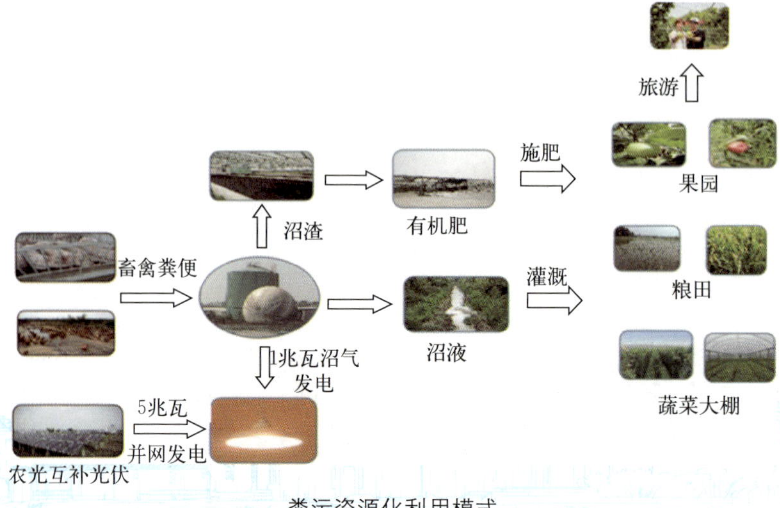

粪污资源化利用模式

1. 投入品使用减量化 生猪养殖方面，坚持少用药、用好药、科学遴选抗菌药替代品的用药原则，从建立健全制度、强化生物安全管理、合理规范使用兽药，科学遴选抗生素替代品等方面入手，减少生猪养殖过程中抗生素的使用。种植方面，坚持“绿色、生态”理念，推行标准化生产，实行统一的技术指导和管理服务；统一操作标准，肥料全部使用猪场的猪粪，以有机肥为主；安装喷滴管道，采用沼液灌溉、节水滴灌；采用人工防治和生物防治的绿色综合防控技术，提升防控效果，减少农药用量。

沼气发电

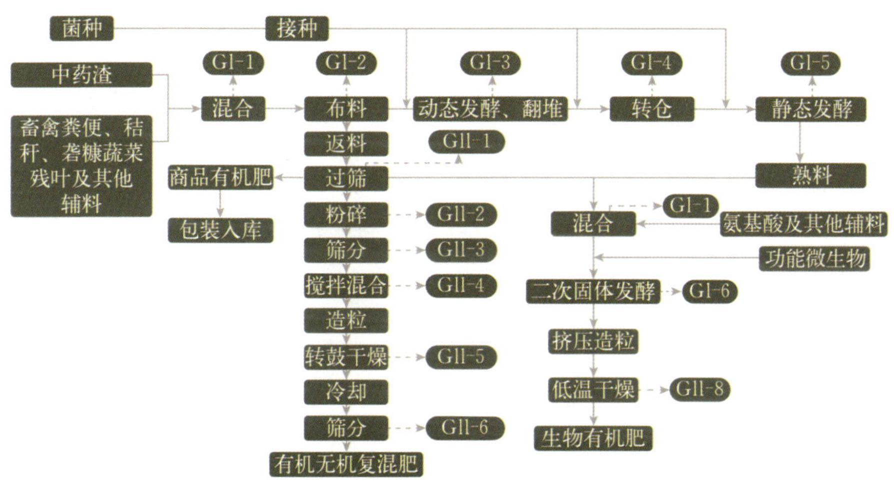

沼渣、畜禽干粪、秸秆等生产有机肥

2. 设施设备智能化 农场圈舍总面积十万多平方米，建有母猪舍、隔离舍、分娩舍、保育舍、育肥舍等共 158 栋，猪舍内安装监控系统、自动喂料集成设备、环境控制集成设备、自动高温高压雾化消毒系统。在妊娠母猪舍内安装智能饲喂系统、母猪发情检测软件，能够监测母猪发情及妊娠情况，农业信息化物联网技术示范应用覆盖率100%。果园配备了风送喷雾机、旋耕机、除草机、采摘平台等新型果园农机具，使花果管理、病虫害防治、植保除草、快速采收逐步走上机械化轨道，先进、实用、节本、省力。农场利用水果分拣机，对采收的果品按照分级标准逐级分拣，降低人工成本，提高工作效率。

病虫害绿色防控

3. 农场管理标准化 农场根据实际情况，建立了技术标准体系，包括生猪、蛋鸡、梨、桃、水稻、小麦、沼气发电7个模块，引用并制定相关技术标准192个，其中，管理标准43个、工作标准25个。同时，对标准化管理员进行培训，以培训宣贯的方式，使工作人员深入理解标准，将标准要求转化到实际工作中。

4. 推动三产融合 农场积极推进畜禽产业结构调整，拉长产业链条，促进三产融合发展。一是组建泰兴市洋宇生态农牧产业化联合体，以农场为龙头，以洋宇农机合作社、盛泰畜牧合作社、韭菜专业合作社为纽带，与11户家庭农场、种植大户建立紧密的利益联结机制，积极推进循环农业产业化进程，优化资源配置，实现增质增效，共同富裕。二是实施品牌战略，以农产品加工业为引领，技术创新为动力，不断延伸产业链条，研究开发畜禽、大米加工产品，将“金洋宇”稻米、北京油鸡及鸡蛋、苏翠梨、苏翠桃、梨膏等进行包装投放市场，提升产品附加值。“互联网+”的运用、与农超对接拓宽了农产品销售平台，立足洋宇供销旗舰店，推进淘宝、直播、微商等电商服务，使农产品销售走上快车道。同时，以农产品质量为抓手，加强农产品质量监管，完善和推广综合监管平台，实现农产品全程可追溯。三是开展生态科普、生态采摘，组织采摘体验活动等。

四、综合效益

1. 经济效益 采用洋宇模式，农场畜禽养殖粪污中的化学需氧量（COD）

排放量减少50%。有机肥效益：稻麦两季节约商品肥料成本208元/亩；减少喷施农药1次，节约农药成本22元/亩；增产70千克/亩，增收170元/亩；总计年收益约160万元。沼液育肥效益：减少商品肥料270元/亩；减少喷施农药2次，节约30元/亩；果树增产100千克/亩，增收400元/亩；总计年收益约266万元。沼气利用效益：沼气发电机组年发电量约580万千瓦时，自发自用，余量上网，总计年收益约170万元。通过利用有机肥、沼液及沼气，产生的年收益近600万元。

2. 生态效益 养殖产生的废弃物经过发酵后循环再利用，不仅降低了作物种植成本，还有效减少化肥用量以及COD、氨氮、总磷排放量。通过化肥替代等手段使得生产成本降低15%以上，农产品增产5%以上，农业生产标准化和适度规模经营水平明显提升。

3. 社会效益 通过提供工作岗位、带动农民增收、成立产业化联合体、履行社会责任等利益联结机制带动周边农户增收。通过种养结合循环利用模式建设的示范引导和技术培训，实现养殖粪污的全量资源化利用，同时增加清洁能源和优质有机肥供应，提高能源品位和农牧业产品产量，达到农药化肥减量施用的目的，推动泰兴市种养结合、清洁生产和生态循环农业发展。

嘉兴嘉华牧业有限公司

一、基本情况

嘉兴嘉华牧业有限公司成立于2015年，注册资金500万元，是一家以集约化欧标无抗猪养殖为主的种养结合型牧场，位于浙江省嘉兴市桐乡市洲泉镇湘溪村。总占地面积325亩，建有集约化养殖区、粪污资源化利用区，设施蔬菜区、稻菜轮作区。2021年出栏生猪1.2万头，产品销量1 573吨。为促进一二三产业融合，建设了包装加工中心、嘉华农产品体验馆、“猪舍里”文化主题乐园。牧场以标准化、绿色化、规模化、循环化、数字化、基地化“六化”为导向，进一步推动产业转型，提高管理效能，打造品种培优、品质提升、品牌打造和标准化生产措施落地的有效载体，全方位提升嘉华牧业高质量发展水平。产品先后通过了良好农业规范（GAP）认证、SGS/PONY无抗生素产品认证等。

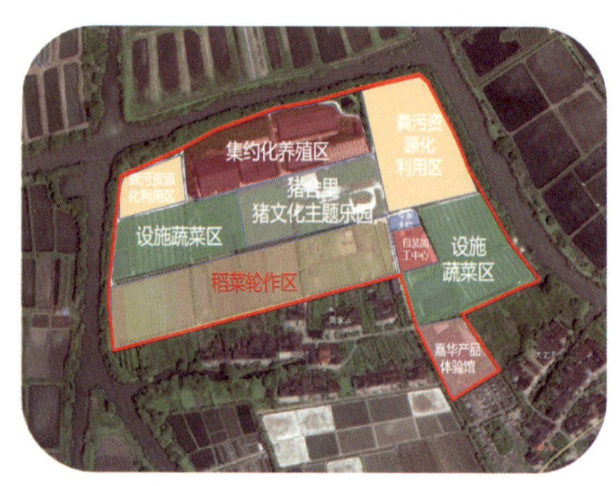

牧场分区图

二、经营理念

牧场坚持绿色循环、高效、低碳发展，以欧标化生猪养殖为核心，以绿色投入品、节本增效技术、生态循环模式、绿色标准规范为主要方向，集成无抗生猪养殖技术与废弃物资源化利用等绿色技术，完善生态循环链条，促进农旅融合、种养结合，村企融合，真正实现资源化利用、节能减排、可持续发展的农业新模式。

三、做法模式

1. **无抗猪养殖技术集成**　集成生猪节本增效配套技术、规模猪场精准消毒技术、生猪主要疫病净化技术、规模猪场腹泻病综合防控技术、规模猪场数字化集成技术、畜禽粪污治理与资源化利用技术、兽药减量化技术、饲料环保化养殖技术等，实现了无抗养殖，降低了猪只死亡率，提升了产品质量，同时提高了饲料利用率，节约了劳动力，做到了将粪污资源化利用。

2. **猪场粪尿全资源化利用** 对粪尿进行干湿分离，将液体部分做成沼液肥、叶面肥和农灌水，固体部分加工制作成有机肥、生物炭。

（1）**猪粪炭基缓释肥。**猪粪经过分离后按照合理的配比进行炭化处理，加工成生物炭；猪粪加入木屑、小麦秸秆、水稻秸秆等原料经过特殊菌种的发酵处理，制成绿色蔬菜和高端阳台蔬菜、花卉的炭基缓释肥。新型高效炭基有机肥填补了国内花卉盆景炭基有机肥的空白。

（2）**生态液体肥。**猪尿液经曝气膜浓缩后制成高效液体肥，尾水进行水培花卉的培育，净化后用循环水冲洗猪栏，实现污水全循环利用。根据生态液体肥特性确定水稻、茄果类、叶菜等不同作物的适宜用量和施用方式。施用生态液体肥后，平均施氮量减少 20%～60%，增产 3%～7%。液体肥还可提高蔬菜和水果中的维生素 C 含量，提高水果糖度，改善口感。

猪粪炭陶粒　猪粪炭　生物炭有机肥

生鲜托盘　可降解地膜　炭棉

猪粪肥产品

3. **稻豆轮作沼液高效灌溉技术** 创新稻豆轮作沼液高效灌溉技术模式，进行水旱轮作，改良土壤性状，减轻田间病虫草害，减少农药用量，提高鲜食大豆产量和品质。鲜食大豆用肥量较大，种植水稻可消耗土壤肥力，提升养分利用效率，实现绿色生态、稳粮增效等。

稻豆轮作

4. 数字化智能生态牧场 充分应用物联网、大数据、云计算、人工智能、区块链等先进技术，建设环境可控、过程可测、源头可溯、信用可评、数据可视的“互联网＋畜牧＋种植”智能牧场。应用华腾数字牧场管理平台和华腾专有饲养技术的智慧牧场管理模式，完善农场数字化管理和农产品质量追溯。

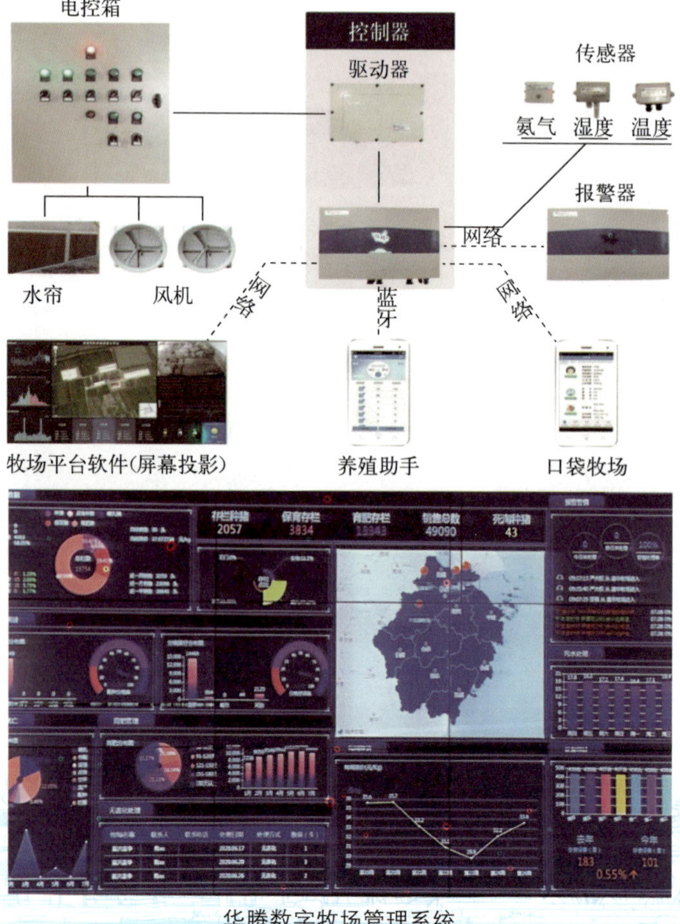

华腾数字牧场管理系统

四、综合效益

1. 经济效益　牧场无抗猪肉、有机水稻和蔬菜等产品通过进入华腾线上线下销售平台供应社会，打造了“桐香”牌无抗猪肉等产品。产品售价提升20%～50%，养殖成本降低15%，劳动力成本减少60%以上。通过粪污全量化应用示范推广，完善全市畜禽粪污处理利用模式，改善畜禽业生产条件。项目实施后，年处理畜禽粪便5.5万吨，年生产3.5万吨优质有机肥料，实现增收约3 000万元。

2. 社会效益　华腾牧业模式在多个地区得到推广输出，破解农业农村资源环境突出问题，促进农业分工协作，提升组织化效益，促进农业绿色低碳转型，助力乡村生态振兴、农业农村减排固碳。

3. 生态效益　猪场粪尿全资源化利用，对粪尿进行干湿分离，液体部分做成沼液肥、叶面肥和农灌水，固体部分加工成有机肥、生物炭，可大量消化农田秸秆等废弃物。减少化肥、农药投入，通过沼气发电、光伏发电实现牧场电量自给自足，减少能源消耗，降低碳排放量。

明光市桥蒲农民种养殖专业合作社

一、基本情况

明光市桥蒲农民种养殖专业合作社成立于2013年，注册资金1 000万元，坐落于安徽省明光市金桥湾现代农业产业园。农场以生态农业经营为宗旨，是集科研、生态种养循环、精果采摘、花卉苗圃、甜叶菊苗种培育、水产养殖、农产品种植及深加工于一体的综合性经营合作组织。农场流转土地面积3 860余亩，集中连片，其中生态用地570亩，农作物种植1 760亩（其中稻渔共生260亩），水产品养殖1 090亩、草地苗木440亩。农场因地制宜，合理布局，种植苗木和果树，地势较高的地方种植花生、绿豆、甜叶菊、艾草，地势较低的地方发展水产养殖。农场分为5个功能板块，分别是现代水产品养殖区（稻渔综合种养示范区）、园艺产业苗木示范区、优质粮食生产区、生态旅游休闲绿化区、农产品深加工与生产管理区。

农场鸟瞰图

农场与安徽农业大学皖东综合试验站、安徽财经大学、明光市农业技术推广中心、明光市农业广播电视学校、明光市土壤肥料工作站进行技术合作，开发利用生态资源，建立完整的保障体系、生产运营体系和生态农业循环体系，实现农业生产的高度集约化，积极参与化肥减量（或不施）增效试点、病虫害绿色防控试点、水稻绿色高质高效行动，在基地内建设池塘稻渔共生绿色生产、种养结合生态循环技术模式攻关区，成功探索了池塘稻渔共生绿色生产技术模式。

二、经营理念

农场秉承生态绿色循环增效、创新协同联动致富的理念，发展种养结合生态循环农业，创建现代化农业科技创新型经营主体，建立完善的质量管理体系和质量追溯体系。依据生态学原理，遵循“整体、协调、循环、再生、多样”原则，通过整体设计和合理建设，采用一系列可持续的农业技术，实现种养结合、立体生产。农场将不同产业融合发展，精心打造绿色农产品生产基地，延长产业链，农旅结合，以信息化为纽带，统一种苗、统一肥水和饲料管理、统一病虫草害防控、统一加工技术流程、统一品牌、统一订单生产销售，一二三产业融合发展。

农场建立了“党支部＋龙头企业＋科研＋农场＋种植养殖新型经营主体＋农户”村企联建利益联动机制，培养了农业积极分子和带头人。以促进农民增收为目的、科学生产为前提、龙头企业为核心、新型农业经营主体为基础，建设生态农场，提高社会化服务水平，引导农户逐步摆脱传统的水产养殖方法，依靠科学养殖新技术，调整优化水产养殖产业化结构，促进农民增收，实现绿色增效。

三、做法模式

1. 应用高效循环流水生态养殖系统 农场自创立以来，围绕“高效、优质、生态、循环、健康、安全”的水产养殖理念，投入重金引进智能化先进设备和技术，在大面积水域水产品养殖过程中，充分利用水资源精养水产品，在生产过程中将鱼池中水的置换、清洁鱼池、净化水等元素优化组合，建立了完整的水净化体系：“鱼池→优质水稻田→沉淀净化池→莲藕池净化→芡实、菱角池净化→鱼池”，有效保护了水资源环境，形成绿色食品的生产链。通过增设内循环流水养殖系统和池塘高效外循环流水养殖系统，形成了高效内外循环流水养殖模式，能够以绿色生态大循环培育良好的水质，从而饲养出绿色健康鱼类。

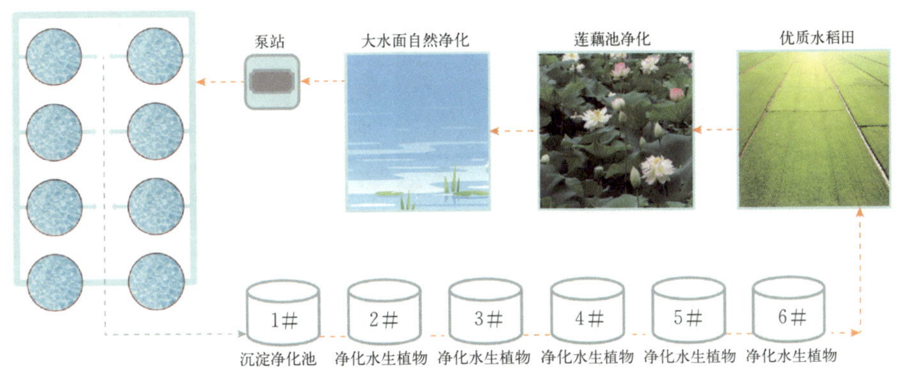

高效循环流水生态养殖系统

2. 打造新型鱼菜共生系统 采用新型鱼菜共生系统，整合了传统水产养殖和无土栽培技术，集工业化养鱼、蔬菜花卉无土栽培、农业物联网于一体，实现了智能化管理，各个物种之间和谐共生，养鱼的尾水用于水生蔬菜、花卉种植，实现养鱼不换水而无水质忧患、种菜不施肥而正常成长的生态共生效应。鱼菜共生“五位一体”综合种养技术模式，减轻了园区内农业面源污染，循环利用了资源，保护了园区周边生态环境，充分解决了养殖场普遍存在的粪尿流失、河道污染等问题，改善了养殖场周边环境，大大改善了水质，增加了农产品产量、提升了农产品质量。

鱼菜共生系统

3. 回收利用废弃秸秆 农场按照安徽省提出的“秸秆变肉”振兴计划，收储周边农户生产的小麦、水稻、玉米、花生等农作物的秸秆，经过揉丝、粉碎、除尘、制粒、烘干等多道工序及现代化智能流水生产线，实现秸秆肥料化、饲料化、基料化、原料化、燃料化利用。作为畜禽水产饲料原料、农作物有机肥料及工业厂房燃料，通过绿色循环系统把农场艾草、大豆等农作物秸秆变废为宝，加工成饲料用于投喂畜禽及水产品，养鱼的尾水用于农作物种植，实现生态共生。建设秸秆收储中心、废旧农膜和农药包装回收点，将部分秸秆机械还田利用，废旧农膜、废旧渔网渔具卖给废品收购站，降低了生产成本的同时提高了水产品品质，使价格高于市场价 5%～8%。

秸秆回收利用

4. 应用先进科技装备 积极参与“科技强农、机械强农，促进农民增收行动”，实施农业科技创新，机械强农，减少劳力。通过机耕、机种、机开沟、机械化施肥施药、机收、水产机械增氧、机械投喂做到生产全程机械化，采用农业物联网和农产品追溯系统，产前、产中、产后过程都有相应的标准遵循，做到生产有标准、操作有规程、管理有规范，农业生产管理适时、便捷、精准、高效。农场与中国农业大学国家数字渔业创新中心合作，引进现代化智能数字监测系统，实时监测养殖尾水农业面源污染情况，水体中氨氮、亚硝酸盐、碱化物等有害物质的含量，有效保护了水资源环境，形成生态食品生产基地，提高了养殖管理信息化水平。

5. 实施农旅融合　应用微生物、植物、水产品三者共营共生技术，建成科教推广基地。基地设有花卉苗圃、精果采摘、旅游观光、休闲养生、亲子活动等，可满足各种直接和间接的市场选择及需求，满足不同的市场销售方式和不同的消费者。以可开发利用的生态资源为基础，将生态农场建成为一个农业产业化经营实体，实现农业生产的高度组织化。坚持可持续发展原则，建立完整的技术保障体系、生产运营体系和生态农业循环体系，将生态农场建设成为生态农业生产基地、旅游农业的观光基地、绿色产品的配送基地。

6. 打造产业化运作模式　通过“公司＋合作社＋基地＋农户”的产业化模式运作，实现产、供、销“一条龙”的一体化发展。农场充分利用农业产业化示范带头作用，大力发展订单农业，为了保证产品及原料的稳定性，加大与农户的合作，深化与农户的连接，积极投入人力、财力，不断改善农户生产基础设施，解决周边农民的农业生产和灌溉问题，促进地方农业经济的快速发展。还在滁州市桥头、明西、古沛等乡镇，大力推广发展订单农业，建立标准化示范生产基地，按高于市场价格足量收购，带动农户增收。农场的发展，直接为当地农村劳动力安排固定工作岗位和季节性工作岗位，在一定程度上缓解了农村劳动力就业问题。

四、综合效益

1. 经济效益　发展生态农业，相较于传统农业减少了化肥农药的用量，降低投入成本，综合收益增加 25%，年利润达 300 多万元。

2. 生态效益　应用生态农业防控，安装太阳能杀虫灯、安装毒蜂卡、旱耕湿整、增密控水栽培、稻田甲烷减排技术等实现减肥、减药，保护周边生态环境。实施畜禽粪便管理、温室气体减排技术，粪污干湿分离，固体粪便覆膜静态好氧堆肥，液体粪污密闭储存发酵，减少化肥用量。建立秸秆收储中心，农作物秸秆部分回收利用、部分还田利用，畜禽粪污腐熟还田利用，培肥土壤，做到肥水循环利用，不施用化肥，实现绿色增效。经检测，2022 年农场土壤有机质含量为 22.7 克/千克，2021 年为 22.4 克/千克，有机质含量增加了 0.3 克/千克。农场最大限度地发挥土地自身的生产力，降低了农业生态系统的成本和风险，为农业和社会的可持续发展提供了保障。

3. 社会效益　通过“合作社＋基地＋农户”的模式，带动区域 500 余户农户年累计增收 160 多万元，安排固定工作岗位 26 个，季节性用工 200 个，一定程度上解决了当地农村劳动力就业问题。

建宁县上黎生态牧业有限公司

一、基本情况

建宁县上黎生态牧业有限公司成立于2016年，注册资金1亿元，位于三明市建宁县里心镇上黎村，是明一国际营养品集团有限公司的自有牧场，是集奶牛养殖、科普教育、休闲观光于一体的大型现代化观光牧场。牧场采用种养结合的综合性生态循环农业模式，核心养殖区域占地面积1 357 319平方米，建筑面积101 055平方米，生态浇灌种植玉米地800亩、牧草200亩，果山、莲田配套地300多亩，山林地环保调节地2 000多亩。2023年，牧场奶牛总存栏数4 996头，6月龄以上3 719头，主要品种为荷斯坦牛和娟姗牛。牧场设有养殖区、观光区、体验区，打造“樱花大道”“房车露营基地”等田园居住地，建设以奶牛及牛奶为科普主题的生态展厅、网红荷兰风车、近距离互动的动物乐园、大型户外儿童游乐园、天然滑草场等为主题的观光互动体验项目。

农场鸟瞰图

二、经营理念

建宁县坚持以奶牛养殖业为主融合发展，以明一国际营养品集团有限公司等企业为龙头，重点做好乳业、畜牧业等奶牛行业全产业链文章，打造具有竞争力的奶牛产业集群。大力推广生态循环的奶牛养殖模式，引进相关下游产业，不断提高供给质量和效益。牧场遵循“绿水青山就是金山银山”发展理念，着力进行产业融合，建立生态养殖、乳制品生产、绿色观光、休闲度假、文创教育等多产业融合发展的产业集群，实现集团全产业链的融合发展，按照“数字化养殖、生态养殖、种养结合、三产融合”的发展思路，突出龙头引领辐射示范、品牌打造，打造具有竞争力的奶牛产业集群，提升奶业产业规模化、标准化、品牌化、智能化水平，实现奶业高质量发展。

三、做法模式

1. 实施奶牛粪污资源化利用工程，推进绿色循环发展 牧场建设以绿色生态为主基调，重点开展牧场环境提升，大力发展生态循环农业，推广“农牧结合循环型”“综合利用型”等多种生态养殖模式，以“美丽牧场”建设为抓手，着力打造畜禽养殖污染治理的升级版，不断提高畜牧业的标准化、安全化和生态化水平。开展绿色有机奶源基地建设，创建“有机牧场”，推动奶牛养殖场粪污处理设施设备升级改造，推动粪肥还田利用，重点建设粪污生物发酵及沼气烘干系统、沼液农田灌溉输送管网系统、沼液氧化储存池、标准有机肥厂等，促进种养结合绿色循环发展。

牧场采取种养结合的以“生态农业示范基地-畜禽养殖-废弃物处理-有机还田”为主线的综合性生态循环农牧业模式。采用干湿分离、雨污分流排放模式，奶牛产生的粪污通过“沼液还田＋固体粪肥烘干循环利用”模式进行资源化利用，粪污处理设施由环场区污道、粪渣发酵场、沼气池、污水池、沉淀池、浇灌池等组成。养殖污水经“中转池＋固液分离机＋沼气池＋曝气氧化塘＋储液回用池”处理后由灌溉系统输送至牧场牧草、果树林地等消纳地进行灌溉。采用机械化刮粪方式清出牛粪液，清理出的牛粪液通过干湿分离进行堆肥发酵制成垫料半成品，经过烘干处理后再利用，用作牛舍垫料，完善了粪污无害化处理和粪污资源化利用，达到了全消纳、零排放生态循环利用的目标。

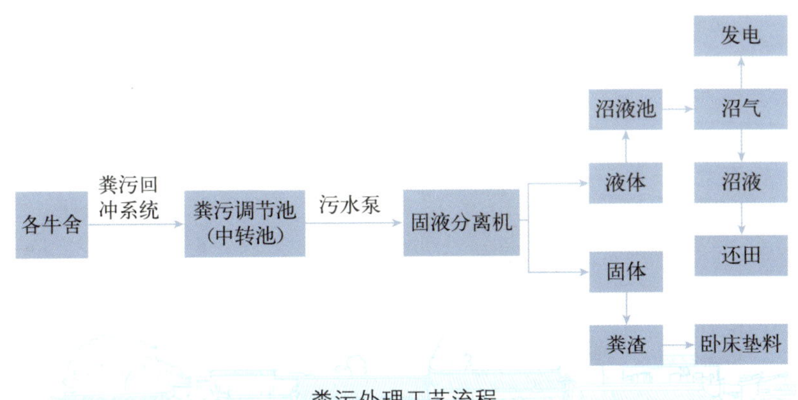

粪污处理工艺流程

粪污资源化利用

2. 应用智能化系统，布局全生态产业链 牧场通过自动化精准饲喂系统实现自动化精准饲喂与分级管理，通过智能环控系统实现饲养环境自动调节，通过智能繁育管理系统实现奶牛发情、受孕监测以及辅助兽医判断疾病等功能。牧场配备德国GEA进口的转盘式挤奶机，可以自动挤奶，并实时监控奶厅运转情况，实时分析挤奶数据。牧场采用监控系统进行远程可视化管理，可通过电脑、手机实现远距离实时监管牧场各场区。

自动化精准饲喂系统

智能环控系统

智能产奶系统

3. 开展观光牧场建设，推进一二三产业融合发展 牧场积极延伸产业链、提升价值链，推动产业转型升级、提质增效。重点建设研学康养中心、休闲民宿、采摘果园、滑草场等系列文旅观光设施，创建省级研学基地、4A级景区。牧场以发展绿色生态有机食品为核心，以科技创新为引擎，以文化旅游为支撑，以富民强县为根本，立足县域特色优势，形成“牧业＋农业＋制造＋文旅”三产合一的融合发展模式，打造集特色产业、旅行观光、休闲度假、文创教育等于一体的全产业链综合发展模式，推进美丽乡村建设，带动当地百姓创业。

生态旅游

四、综合效益

1. **经济效益** 有机肥替代化肥后，大大降低了农业种植成本，共节省化肥1 000吨，按4 000元/吨化肥成本核算，共节约化肥费用约400万元。牧草和玉米作为饲料再利用，降低了因外购饲料而增加的饲养成本；水果、莲子、油茶等经济作物增加了农场收入。同时，农场年游客接待量5万人次以上，研学、生态游成为农场新的收入增长点。

2. **生态效益** 通过示范带动，促进当地种植方式从高化肥、高农药的传统方式向低耗肥、低污染方式转变，进一步减少农业面源污染。有效防止畜禽粪污及土壤中的残留农药、化肥进入河流和库区，实现水源地生态保护。通过施用沼液肥，有效改良土壤结构、提高土壤有机质含量、提供作物养分、培肥地力，确保农作物稳产高产，改善养殖场及周边区域环境状况，生态环境效益显著。

3. **社会效益** 牧场建设既解决了牧场奶牛粪污资源化利用的问题，又减少了土壤和水体的污染。充分利用奶牛粪便中的氮磷等营养元素，提高耕地质量，带动粮食、果树种植绿色发展，提升产品质量，发展绿色生态健康养殖，带动当地畜牧业发展，优化产业布局。推进一二三产业联动，调整优化产业结构，促进农业产业化升级，带动农民持续增收。

江西天韵农业开发股份有限公司

一、基本情况

江西天韵农业开发股份有限公司成立于2009年，注册资金1 215万元，位于南昌县幽兰镇青塘村。主要从事水稻种植、种鸭养殖、鸭苗孵化、商品蛋鸭养殖、蛋制品加工（皮蛋、咸蛋等）等业务。农场示范区占地近200亩，辐射面积2 000余亩，主要分为天韵千亩稻鸭共生区、种鸭养殖区、鸭苗孵化区、商品蛋鸭养殖区、有机肥生产区及大棚蔬菜种植区等。养殖蛋鸭青年鸭4万羽，养殖种鸭、青年蛋鸭及产蛋商品蛋鸭8万羽，种植水稻1 500亩，蔬菜大棚6个，占地150亩。为完善产业链，农场在南昌县小蓝工业园投资建设了蛋制品加工基地，占地100亩，建成了现代标准化的蛋制品加工基地，蛋制品加工基地分为蛋品分级区、皮蛋腌制区、咸蛋腌制区、恒温腌制车间及蛋品包装区等，每年可加工各类蛋制品近6 500吨。“鄱湖鸭舍”品牌获江西省农产品企业产品百强品牌、“鄱湖鸭舍”鲜鸭蛋入选国字号农业农产品品牌。

农场功能分区图

二、经营理念

农场建设的总体思路是立足生态蛋鸭养殖，专注打造覆盖蛋鸭养殖全产业链的第一品牌“鄱湖鸭舍”品牌，农场充分利用南昌县鱼米之乡和水禽之乡的优势，发展鸭稻共生。秉承“绿色发展、市场导向、整合发展”的原则，坚持围绕蛋鸭全产业链的发展，把控源头，绿色养殖，种好生态稻、养好生态鸭、做好生态蛋。

三、做法模式

1. 循环农业模式　农场循环农业模式是蛋鸭养殖模式与立体生态种养结合的创新，包括蛋鸭笼养、种鸭小水系半旱养、鸭稻共生及水稻种植的秸秆还田等循环生态农业模式。

（1）蛋鸭笼养模式。利用现代农业智能技术实现蛋鸭笼养，在笼养鸭舍内设置智能感应控制和自动输送系统等实现安全生产、科学管理、减少病害、节约资源、提高生产效率等目标。蛋鸭笼养模式实现了蛋鸭养殖的智能化、生态化、高效化，节约了50%土地资源、90%以上水资源、10%采食量、50%人工成本，蛋品价格提高5%左右。

（2）种鸭小水系半旱养模式。传统的蛋鸭棚养经过养殖模式升级后变成了小水系的半旱养模式，养殖时可达到雨污分离，鸭粪可集中收集进行有机化处理达到返田标准，种鸭进行精细管理可有效提高种鸭的产蛋率及受精率。

小水系半旱养模式

（3）稻鸭共生示范模式。稻鸭共生是以稻田为基础、以水稻种植为中心、以蛋鸭青年鸭放养为特点的自然生态和人为干预相结合的复合生态系统，能实现稻田可持续种养、节约种养成本、有效减少化肥农药用量、提高产品质量、保护生态环境，是一种可复制可推广的种养结合模式。

稻鸭共生示范基地

(4) 秸秆还田示范推广模式。还田采用翻压方式，收割时把秸秆打碎翻地埋在地下，每亩可翻压 200～3 000 千克。翻压时，将硫酸铵 20～200 千克或尿素 10～100 千克一起翻入土中，并灌一次水，以利于秸秆腐烂分解。通过秸秆翻压还田可有效改善土壤结构，增强土壤肥力，减少后续化肥的用量并提高水稻产量。

秸秆还田

2. 生物技术应用　充分利用生物防控技术，通过稻鸭共生、种鸭小水系半旱养等生态养殖模式，结合物理防治、性引诱剂防治，推广高效低毒生物农药，减少农药用量，确保绿色优质稻米生长和蛋鸭养殖安全。通过建设养殖场粪污处理设施，减少病虫滋生，为蛋鸭养殖提供良好环境。为防止外来入侵物种（福寿螺）危害，种植水稻时也采用“防除并举、综合治理”的策略，采用物理防治、化学防控、绿色防控和综合防控技术等防控措施，进行全省示范推广。

病虫害防控

3. 智慧农业科技装备　配备了现代化养殖与加工设备，应用了先进的农业物联网技术。农场的智能化蛋鸭养殖系统通过引入物联网、大数据、人工智能等先进技术，实现对养殖环境的实时监测与调控、对蛋鸭生长状态的精准判断与预测、对疫病的及时发现与防控等。

（1）自动化精准环境监控系统。该系统集成多种传感器，包括温度、湿度、光照、PM10、CO_2、大气压力和热敏风速传感器，实现对鸭舍环境参数的自动采集和监测，并将实时数据传输至监控中心工作站。系统通过环境监控器与鸭舍环境数据联动，实现自动控制功能。

（2）数字化精准饲喂管理系统。该系统收集并实时上传喂养设备数据，进行数据分析以指导精准化喂食配比，提高喂食效率。系统采用自动化控制技术，结合集蛋、粪污处理和通风降温设备，实现对雏鸭和蛋鸭的精准管理。

（3）鸭场生产管理系统。该系统由生产管理、投入品管理和质量追溯三个子系统组成。通过硬件采集环境、生长、饲喂和生产性能数据，生成生产报表，计算效益指标，并与财务系统对接，实现效益监控。

（4）鸭疫病监测预警系统。该系统包含疫病监测预警和网络诊断两个模块。利用物联网设备实时监控环境因素，结合视频和体温扫描设备监测蛋鸭生活数据，进行指标比对和异常报警。通过短信和系统提醒等多种方式及时报告异常情况。

（5）数字农业综合信息服务平台。该平台集成上述所有系统，并提供定制化首页，集成视频监控、环境数据和生产状况数据。平台支持远程专家服务，包括在线诊断、智能问答、留言和微视频诊断，促进员工与专家的交流互动。此外，平台还提供鸭场介绍、3D 展示、产品诞生记和 VR 体验等内容。

4. 生态农场的三产融合探索　农场三产融合以科技为主导，通过与江西农业大学、南昌大学共建专家工作站，以蛋鸭养殖和禽蛋深加工为主要研究方向，突出农场在蛋鸭产业的特色优势，围绕蛋鸭的绿色养殖、高值化加工、全资源利用等方面，开展了一系列的创新研究和应用示范，取得了一批具有重要价值和影响的成果。

四、综合效益

1. 经济效益 通过生态农场的建设，蛋鸭养殖效率和质量明显提升，蛋鸭存活率和产蛋率分别提高了 6%和 12%，蛋鸭疾病发生率和死亡率分别降低了 60%和 67%，蛋鸭采食量降低了 10%，可节省饲料成本 20 元/只。蛋品加工效率和质量也明显提升，鲜鸭蛋分级分拣准确率提高了 4%，分级分拣人工成本降低了 60%，通过区块链溯源系统，实现了从蛋鸭养殖到蛋品加工的全程信息记录和上传，保证了数据可追溯、可共享，提高了食品安全水平和消费者信任度。产品销售额提高了 80%，达到 3 600 万元。采用稻鸭生态种养技术模式，鸭田稻谷增产 133.5 千克/亩，年收益增加 189.23 元/亩。

2. 生态效益 蛋鸭养殖产生的粪污通过循环处理再利用，用于绿色大棚菜种植、水产养殖、水稻种植及莲藕种植等，基本做到粪污零排放，达到废弃物资源化 100%利用。稻鸭共生实现了水稻增产，化肥、农药“双减”效果明显，提升了稻米品质，减轻了环境污染。同时保护了病虫害的天敌，维护了生态平衡，促进了农业可持续发展。

3. 社会效益 通过生态农场的建设，扩大了生产规模，提升了产品竞争力，通过源头合作养殖蛋鸭收购原料，带动养殖农户进行标准化蛋鸭生产养殖。农场智能化建设促进全省精品农业分批打造示范农场，通过示范作用持续推进品牌农业＋数字农业建设，助力乡村振兴。

江西省遂川双发农牧业发展有限公司

一、基本情况

江西省遂川双发农牧业发展有限公司成立于2015年，由江西省吉安市遂川县雩田镇皋村投资建设，目前已投入资金8 360万元，建成了以井冈蜜柚种植、湖羊养殖为主导产业，集生产、加工、销售、休闲、观光于一体的生态农场。农场规模3 000亩，包含种植区、养殖区、加工仓储区、办公生活区。其中，井冈蜜柚生态园1 000亩，年产量200万千克。湖羊标准化养殖栏舍6 000平方米，年存栏6 000头，年出栏12 000头。牧草基地300亩，办公用房500多平方米，仓库、管理用房1 200多平方米。农场加工仓储设施逐步完善，建成果品采后商品化处理中心、果品鲜储库；建成果品分拣分级包装生产线，果品采后处理能力达25吨/时。科研平台建设卓有成效，建成500平方米的集科研、办公于一体的办公房，启动了益生菌种养技术应用和果酒衍生产品研发。

农场鸟瞰图

二、经营理念

近年来，随着农药、化肥、农膜等农业投入品使用增多，农业面源污染越发严重。遂川县政府提出保护"蓝天碧水净土"，启动生态循环农业建设，打造"人与自然和谐共处"的生态农业。农场积极响应号召，按照"农业资源环境保护、要素投入精准环保、生产技术集约高效、产业模式生态循环、质量标准规范完备"的原则，建设3 000亩生态农场，实现"投资一园、造福一方、带富一地"的目标。按照逐年推进的原则，培植以湖羊养殖和井冈蜜柚种植为主导的农产品生产销售产业，并按照生态农业要求，引入“双链型”的新思路，推动农业自然资源高效化利用，由植物、动物“二维绿色”向植物、动物、微生物“三维白色”转变，利用食物链形成生态农业经济链，带动区域农业产业高质量发展。

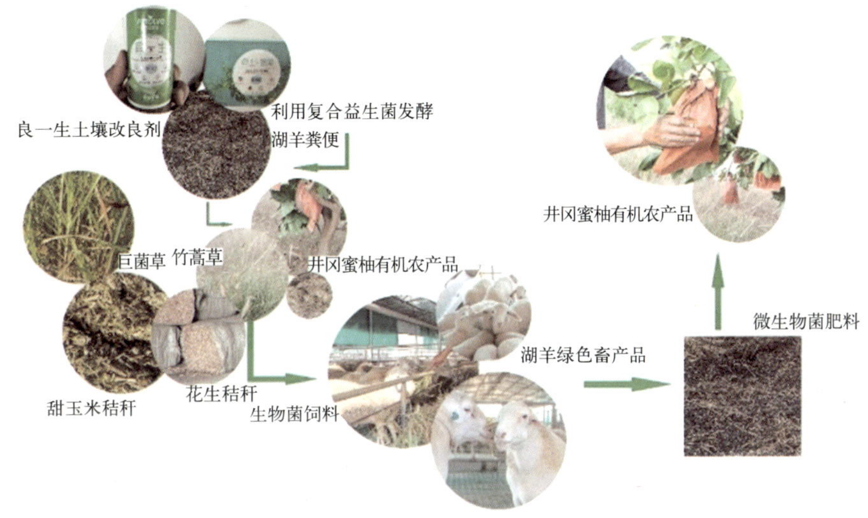

生态农场产业链示意图

三、做法模式

1. 应用生态循环模式 以有益微生物沼肥为枢纽，打通种养循环关键节点，提升湖羊养殖和井冈蜜柚种植的种养产业关联物质循环利用，构建“沼肥种果种草→草料喂养湖羊→湖羊排泄物入池发酵生产沼肥”的资源循环利用体系。通过沼肥这一枢纽，实现联通产业链、保护农业生态环境、提高土地资源利用率、减少农业投入品使用、改良土壤结构、提升土壤有机质含量、增加农产品单位产出的生态农业可持续发展目标。

2. 推广应用生态技术

湖羊养殖

（1）农业投入品减量技术。一是饲料减量，按养殖规模建设300亩饲草基地和1 000亩半免耕生草栽培井冈蜜柚种植园（折合饲草面积300亩），满足湖羊养殖青饲料供应需求，折算减少外购饲料42%。二是肥料减量，利用沼肥返施，解决井冈蜜柚园有机肥供应问题，实现化肥减量 25%。三是水肥微灌技术，对井冈蜜柚园铺设水肥微灌设施，应用水肥微灌和叶喷，节约用水用肥。

（2）环境友好技术。一是半免耕生草栽培技术，对井冈蜜柚园应用树盘清耕、行间生草，改善种植园生态环境。2 月中旬对树盘实施浅耕除草，保持根际土壤深、松、肥、潮，提升根系生长和肥水吸收能力，春季、秋季在行间进行园草或饲草栽植。园草栽植以藿香蓟、三叶草等为主，旺期收割覆盖，提升土壤有机质；饲草栽植以巨菌草、玉米草、黑麦草为主，旺期收割作为青饲料。二是物理防虫技术，在井冈蜜柚园布局装挂频振式杀虫灯、粘虫黄板等物理设施，对果树害虫开展全面物理防控，减少化学防治次数和农药使用量，降低果品农药残留。三是生物防治技术，2—11 月，在柚园释放捕食螨或种植藿香蓟，采取以螨治螨的生物防治方式控制红蜘蛛危害；在生长季节，追施或叶喷生物菌肥，推进农业投入品减量，防范长期施用化肥造成土壤板结和酸化。

免耕生草栽培

3. 强化科技装备应用 农场致力于生态农业技术创新发展，与北京北农都市农业研究院建立长期合作关系，现有 5 名专家入驻农场开展技术研发与推广。

（1）智慧农业平台建设。农场已建立健全集农业气象因子采集分析、果园生物信息采集分析、农产品质量追溯管理、肥水管理和饲料投喂于一体的自动化平台，实现了农业生产信息与数字技术的有机融合，提升了生态农场管理水平。

（2）种养技术创新。农场立足湖羊养殖和井冈蜜柚种植的主导产业，以有机绿色产品生产为目标，启动益生菌养殖技术集成与应用，以北京土良生物科技有限公司的复合菌种为基础，通过饮水、秸秆、青饲料的搭配与发酵，形成优势菌群，稳定和平衡湖羊胃肠道菌群，提升湖羊生长发育和自身抗疫病能力，减少湖羊养殖过程中畜药及抗生素使用，提高畜产品质量安全。同时，建立了湖羊排泄物的雨污分离设施，加强养殖粪污的循环利用。加入复合益生菌，将湖羊粪污集中发酵，并添加土壤改良剂，生产出改善土壤的微生物菌肥，供生产井冈蜜柚使用，打造了循环利用闭环，既降低了生产成本，又提升了果品品质。井冈蜜柚先后获吉安市井冈蜜柚金奖和有机食品认证。

4. 加大三产融合发展力度

农场立足革命老区的红色文化、农业大县的古村落文化，加快推动农产品生产和加工、农耕体验、科教融合的一体化发展。目前，已建成 2 000 平方米采后商品化处理中心、300 亩农耕体验园、100 亩劳动教育基地。

四、综合效益

1. 经济效益 湖羊养殖年出栏成品羊 12 000 头，年销售额 2 760 万元，年出栏仔羊 3 000 头，年销售额 180 万元。井冈蜜柚年产量 200 万千克，年销售鲜果 200 万千克，年销售额 2 000 万元。果酒等加工产品年销售额达 1 300 万元。休闲观光年收入近 300 万元。合计年总收入 6 540 万元，年生产成本 3 774.68万元，年利润 2 765.32 万元。

2. 生态效益 一是生态农场采用循环农业模式和生态种养技术，每年化肥减量 25%以上、农药减量 15%以上。二是采用生物菌肥水施和半免耕生草栽培，土壤水土流失减少，土壤团粒结构有效改善，土壤有机质含量提高、土壤酸化现象改善。

3. 社会效益 一是带动产业发展增收，农场采用“农场＋合作社＋农户”的模式，以“种苗供应、技术培训、销售带动”的方式，带动周边 12 户农户养殖湖羊和 33 户农户种植井冈蜜柚。二是带动劳务用工增收，吸纳长期工 26 名、季节性用工 110 余人，年增劳务报酬近 200 万元。三是带动土地流转增收，共为 20 户农户增加 3 120 亩山场流转租金收入 15.6 万元。四是其他方面，农场年吸纳休闲观光游客 1 万余人，农家乐和土特产销售收入 23 万余元。

潍坊市玉泉洼种植专业合作社联合社

一、基本情况

潍坊市玉泉洼种植专业合作社联合社成立于2011年，注册资金3 000万元，位于潍坊市坊子区坊安街道洼里村，园区核心区面积3 120亩。农场坚持科技引领，发展有机循环农业，2 386亩土地通过有机认证，建成大型沼气工程，利用动物粪便和作物秸秆生产沼气和有机菌肥，形成“种植＋养殖＋沼气”的农业生态循环模式。农场45种果蔬通过有机认证，同时发展特色加工，充分提高有机果蔬产品附加值，30余种精深加工产品得到市场广泛认可。农场现有日光温室大棚108个、智能大棚5个、精准农业示范基地1处、产品展示中心1处、果蔬冷藏包装配送中心1处、果蔬种植基地2处、奶牛（肉牛）养殖基地1处、生态蛋鸡养殖基地1处、生猪养殖基地1处、生物菌肥加工中心1处、5 000立方米大型沼气池1处、精品果蔬工程技术研究中心等。

农场规划示意图

日光温室大棚、果蔬种植

二、经营理念

随着农场产业的不断发展，农场高科技人才匮乏和资金链不足的问题日渐明显，且近年来农村“空心化”严重，人走地留，大量土地闲置，没有成形的土地承包经营权流转市场、服务能力有限，导致土地流转受阻，很难组织集中连片的土地进行规模经营。此外，农业投资大、见效慢、周转期较长，由于长期得不到丰厚收入，经营者不愿投入大量资金扩大生产，造成农场粗放经营、土地难以集约利用、产出率较低。

农场发展有机农业、循环农业，并将农业产业链条延伸至特色加工、休闲旅游、教育培训等业态，增强了农村发展的产业基础，有效带动了区域农业增效、农民增收。采用“种植＋养殖＋沼气＋有机肥＋种植”的生态循环模式，产生的畜禽粪便等废弃物通过沼气池发酵为沼气，产生的沼渣和沼液作为农作物肥料，产生的沼气可作为园区和周边村民的生产生活用气，实现了秸秆、畜禽粪便等农业废弃物综合利用率达 100%，农膜回收率达 100%，作物病虫害生物防治和物理防治推广率达 100%，实现了经济效益、社会效益和生态效益的统一。

三、做法模式

1. 生态循环农业模式　采用“种-养-加-贸-游”为一体的现代农业循环生产模式，通过以沼气池利用为纽带的现代新型农业经营管理模式，来满足农业生产过程中的循环利用需求，从而推动传统农业向高新技术、高附加值、高效益的现代农业转化。以建设资源节约型、环境友好型园区为目标，依托资源优势，结合企业发展特点，因地制宜、注重实效，全面贯彻“减量化、再利用、资源化”原则，促进产业结构优化，建设成为节约能源资源和保护生态环境的生态园区。目前已完成果蔬种植区、采摘区、观景垂钓区、养殖区、农耕文化园、蔬菜加工厂和游客餐饮中心等设施的建设。

2. 生态技术应用情况 农场养殖区已建成棚舍 4 000 余平方米，现存养肉牛 700 多头，年出栏可达 2 000 头；散养黑猪 1 500 多头。肉牛、黑猪等主要食用青贮玉米秸秆、小麦胚芽等有机饲料，其产品达到了有机食品品质。养殖业的发展产生了大量畜禽粪便，为沼气生产提供了优质原料，促进了沼气工程的建设。目前农场建设有 10 000 立方米沼气配套工程，沼气民用或发电，沼渣生产有机肥，用于蔬菜、水果及农作物种植。

园区内已形成农牧结合的循环利用模式："畜禽-粪便-肥田-作物-饲料"。一方面，种植作物为畜禽养殖解决了粪便污染问题；另一方面，大量畜禽粪便肥沃了农田，提高了作物产量和效益。种养结合不仅实现资源高效利用，同时优化了生态环境，使种植业和养殖业共同发展。生态农业的蓬勃发展得益于有机肥的推广应用，有机肥的施用大幅提高了果品、蔬菜、五谷杂粮的品质。沼肥还田，提高了土地肥力，使作物种植面积扩大、农业增产农民增收，从而构成了"沼肥还田-生态农业-秸秆青贮-肉牛养殖"的良性循环。

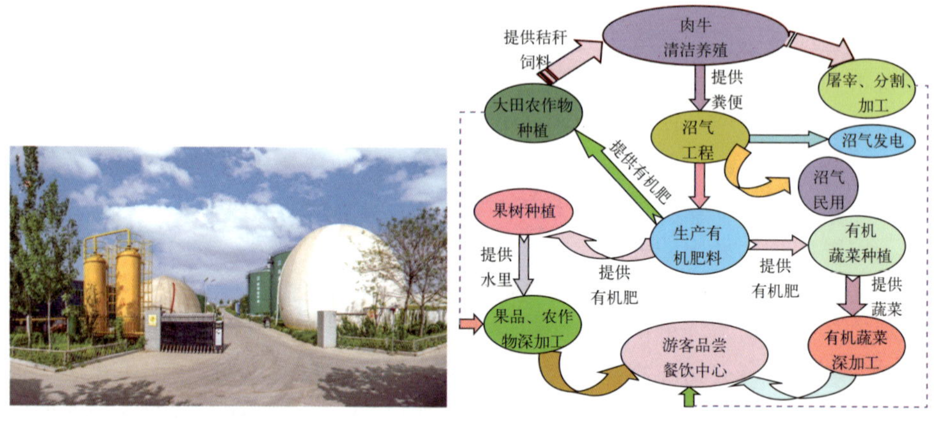

沼气工程　　产业循环模式图

3. 科技装备应用情况

（1）蔬菜种植智能化。 运用物联网、云计算、大数据等信息技术，融合农机农艺的集约化和智能化发展，创造性地建立了温室有机蔬菜绿色优质增产增效的种植技术模式。通过食用菌类＋叶菜立体种植空气调配技术，菌类释放的二氧化碳供叶菜进行光合作用，叶菜产生的氧气供菌类进行暗反应，形成能量互生循环体；地下水循环温度调节、作物补光、微生物循环等技术，打造智能温、湿、光自动调配系统；水肥一体化自动控制系统，对环境数据进行监测、分析、处理，实现智能化精准灌溉施肥。智慧农业示范基地采用有机蔬菜智慧工厂大数据中心操控云平台，物联网＋自动化机器人技术，进行远程管理和自动控制，建设十层蔬菜立体种植基地，全自动化播种、立体育苗、移栽生长，实现有机蔬菜种植的标准化流水线作业。

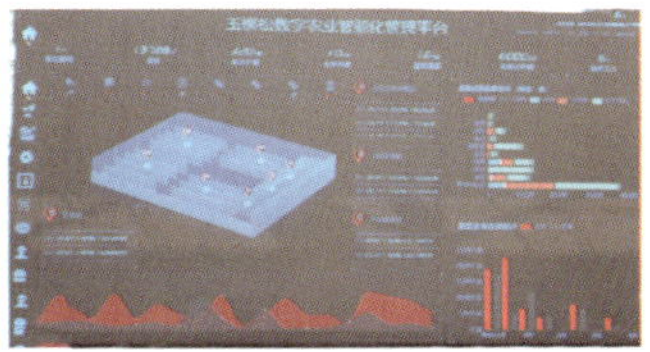

蔬菜智能化种植

(2) 养殖生态化。建设现代化生态奶牛养殖场，引进先进的智能化、自动化技术设备20余台套，配置高科技挤奶设备、奶牛发情探测系统、全自动日粮调配饲喂系统等现代化高科技生产设施设备，为奶牛营造干净、卫生、舒适的生活环境，提高劳动生产效率，实现养殖全过程智能化和生态化。

发酵床养殖技术

四、综合效益

1. 经济效益　农场“玉泉洼”品牌的价值逐渐提高，年可增加销售收入1 100万元以上。采用水肥一体化管理模式，有效降低灌溉用水成本以及生物制剂、有机菌肥的成本，实现节本增效约50万元，并为模式复制的用户实现同步增效。采用规模化特种养殖，在规模化养殖降低管理成本的同时，提高特种养殖附加值，创造了良好的经济效益。

2. 生态效益　立足本地生态环境保护，根据地域生态环境特点和地域文化特点进行开发，大部分废弃物（生猪粪便、农作物秸秆等）进入园区资源综合循环利用系统，实现资源循环利用。

3. 社会效益　养殖场产生的粪污，经过沼气池发酵产生的有机肥料用于还田，提高了农产品安全和品质，带动600户农民从事订单种植，基地面积2 000亩，农民人均纯收入明显增加。

山东九牛农牧科技有限公司

一、基本情况

山东九牛农牧科技有限公司成立于2015年，占地1 112亩，注册资金2 000万元，位于滨州市沾化区大高镇。农场划分为标准化奶牛养殖区、养殖粪污综合利用区、生态农业观光区、优质饲料作物种植区、乳制品加工区5个区域。现有种养基地已达1 112亩，厂区总建筑面积33 487平方米，拥有标准化奶牛养殖场1处、1 200立方米CSTR厌氧发酵装置1套、智能化奶站1处、21 600平方米青贮池2座、有机果园及采撷林区200亩、设施化高端农产品栽培园100亩、优质饲草料基地617亩等。牛场年存栏奶牛2 080头，年产优质鲜奶8 600吨、A2巴氏鲜奶及酸奶产品3 900吨，年产沼气6.1万立方米、沼渣1 625吨、沼液9 094吨，另年产绿色有机果品200吨、有机蔬菜100吨、农作物秸秆2 529.5吨，年接待游客7万人次。

农场布局图

二、经营理念

农场遵循以人为本、可持续发展的理念，按照农业标准化、产业化和数字化的现代农业发展思路，积极发展绿色生态养殖，大力推广种养结合、立体经营、清洁生产等生态循环农业技术，高标准和规范化发展集作物种植、青贮饲料、奶牛养殖、原料奶供应、粪污处置、有机肥生产、沼气供热和休闲旅游于一体的循环经济产业。

通过升级改造，补齐现有农业生态循环产业链的短板弱项，从而以产业链条补链、延链的形式串联起产业前端的大田种植和饲草加工、产业中端的奶牛养殖和粪污综合处理、产业后端的乳品加工和品牌打造。构建起“作物秸秆-青贮饲料-奶牛饲养（光养互补）-有机肥加工（沼气能源）-种植业利用（林果、蔬菜、玉米等）”等生态循环农业模式和“减排固碳＋生态旅游”产业模式，将园区建设成为循环、生态、休闲、示范“四位一体”的可持续发展的标杆性生态循环产业园，带动区域农业绿色低碳高质量可持续发展。

三、做法模式

1. 循环农业模式 农场推广应用种养结合、光养互补、立体经营、清洁生产等生态循环农业技术，推进形成了资源-产品-废弃物-再生资源的低碳循环农业方式。将养殖、种植、固碳通过生态循环经济模式有机结合，构建起“农作物秸秆-青贮饲料-奶牛饲养-粪污综合利用-农田种植”的生态循环农业发展模式。既提高了资源综合利用效率，又加快了农业标准化、规模化生产。

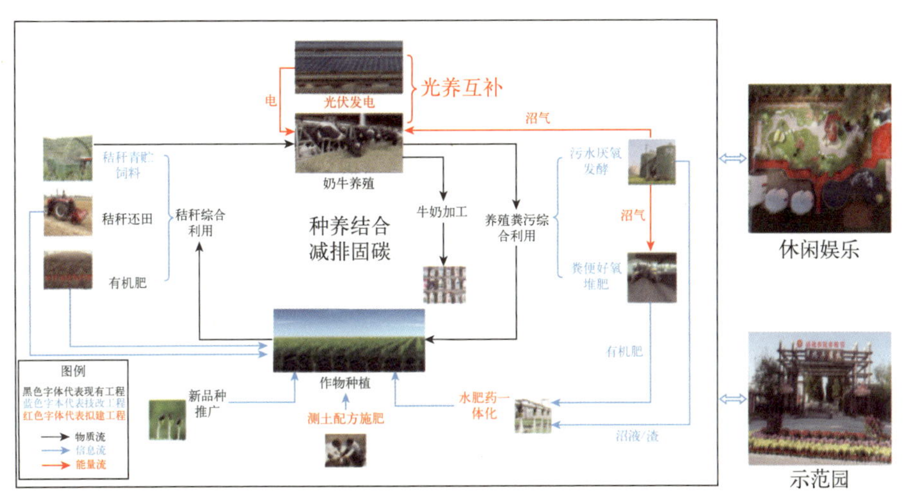

生态循环农业模式

2. 资源节约利用 养殖场的粪污全部经过固液分离，液体进入沼气系统，固体进入有机肥发酵车间。其中沼液肥通过水肥一体化滴灌系统进入种植园区。园区施肥以有机肥为主，通过有机肥的施用，减少化肥的用量，从而改善土壤、提高产品品质。

养殖方面通过科学配方，改变奶牛膳食结构，提高奶牛免疫力，减少兽药使用。种植方面精选优良品种，减少病虫害发生，打药过程中使用专用打药机械，提高农药利用率并减少农药用量。养殖场采用自动上水加温水槽，保障了奶牛用水安全的同时减少了水资源的浪费，使用高压水枪冲洗养殖场，可提高用水效率，水肥一体化滴灌面积 228 亩，减少了农田灌溉用水。果园及经济林区利用秸秆套种赤松茸，不但资源化利用了秸秆，还充分利用了土地资源，达到了增产增收的效果。养殖场奶牛全部佩戴智能脖环，通过智能脖环自动监测奶牛状态，节省了人力资源。园区全部使用机械化操作，提高了工作效率。

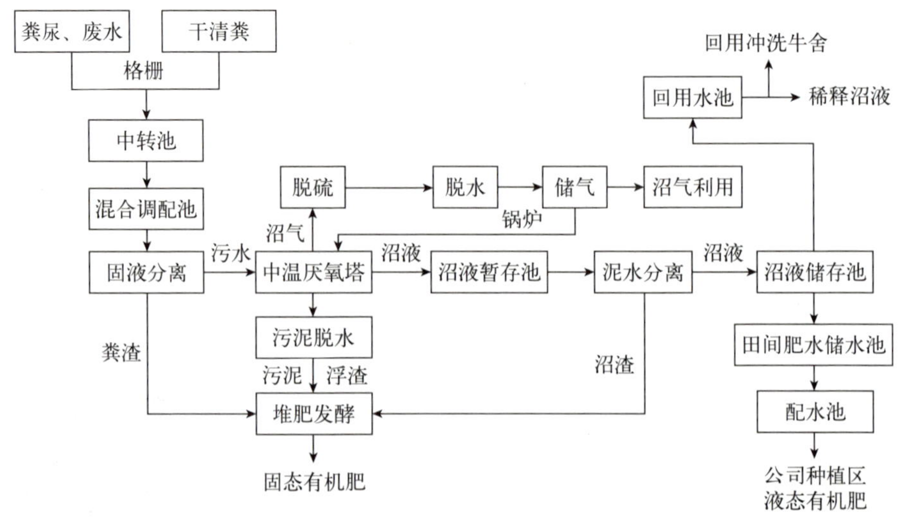

养殖污水“厌氧还田”技术工艺流程

3. 绿色防控技术 安装了病虫害预报监测系统，应用绿色防控手段，以及杀虫灯、粘虫板等物理措施，科学防治病虫害。遵循种养结合、有机循环的宗旨，生产过程中产生的种植废弃物、养殖废弃物、生活废弃物等回收利用率全部达到 100%。

4. 科技装备应用 使用“新牛人”牧场信息数据管理系统，对奶牛进行一对一精确管理，建设标准化规模养殖场。同时，奶牛全部佩戴智能脖环，通过智能脖环监测奶牛每日活动量、每日反刍次数、进食情况等实时数据，将这些数据传入管理平台进行分析后获取每头奶牛的身体状况，及时发现奶牛问题，提高管理效率，实现牧场的智慧化管理。配套建设 1 100 立方米沼气系统一套、年产 5 万吨有机肥生产车间一座。养殖区的粪污经固液分离后，液体进入沼气系统、固体进入有机肥发酵车间。生产出的沼液肥通过水肥一体化滴灌系统进入种植园区，有机肥部分自用、部分出售。

奶牛智慧养殖平台

农机设备

四、综合效益

1. **经济效益** 2023 年农场经营收入为 6 954.6 万元，2024 年经营收入约为 7 600 万元。

2. **生态效益** 年新增处理牛粪 19 710 吨、牛尿 14 600 吨、污水 14 600 吨，通过肥料化、沼气化利用实现零污染，每年可减少 COD（化学需氧量）1 353.20吨、BOD（生化需氧量）1 301.67 吨、NH_3-N（氨氮）100.80 吨、总磷 81.34 吨、总氮 214.60 吨直接排放对环境造成的污染，并可替代化肥约 7 486 吨。

3. **社会效益** 通过规模化种养加一体示范、种养业废弃物循环利用示范建设，实现了“种养结合、废物循环再生、资源高效利用、生产清洁可控、区域种养业废弃物零排放和全消纳”的目标，促进农业产业结构优化，提升农产品品质，增强农产品市场竞争力，同时带动当地旅游资源、商业、交通、餐饮等服务产业发展，解决当地农民的就业问题，社会效益显著。

华中地区

监利嘉润农业开发有限公司

一、基本情况

监利嘉润农业开发有限公司成立于2015年11月，注册资金200万元，位于监利市红城乡合兴村。农场现有固定员工21人，流转土地3 290亩。经过多年发展，农场已成为集水稻育秧、机插、统防统治、机收等社会化服务，大棚蔬菜、稻虾综合种养，农业技术培训，农业生产资料供应，农产品销售等于一体的现代农业新型经营主体。农场建有稻虾综合种养示范区、果蔬采摘园、耕读文化体验园、农业科普园地、农业社会化服务区。种植优质中晚稻1 800吨、华墨香5号黑米200吨、油菜490吨，养殖小龙虾苗种1.5亿尾、商品虾90吨。现有试验室2间、培训教室1间、气象站1个、自动滴灌温室大棚32座、稻谷质量检验检测设备2台（套）、水质检测仪器3台（套）、太阳能杀虫灯30盏、性诱+食诱设施600个，每年释放赤眼蜂20万尾，种植显花植物30亩，种植大叶紫云英500亩。农场长期以来与华中农业大学等科研院校建立合作关系，每年科研支出不少于50万元，拥有2项发明专利，每年开展面

农场鸟瞰图

向中小学生的农业科普教育不少于 2 场，接待学生 1 000 余人次。

2020 年以来，农场陆续获得湖北省农民合作社示范社、湖北省虾稻产业协会常务理事单位、国家级农民合作社示范社、湖北省特色产业科普基地、荆州市农业产业化龙头企业等称号。2023 年，入选全省新型农业经营主体质量提升典型案例；2024 年，入选 2023 中国小龙虾产业年度榜单——小龙虾规模养殖企业 30 强。

二、经营理念

近年来，农场依托监利市水稻种植和小龙虾养殖优势，确立虾稻共作的经营目标，同时采取多种措施：一是建立产品质量可追溯制度，主动对接行业主管部门，完善生产、用药、销售台账；二是定期开展土壤、水质、农产品检测，保证生产环境安全；三是与合作的种养农户签订农产品安全监督责任书；四是强化装备建设。农场打造一粒米、一只虾品牌，“壹圆子”牌再生稻米、“壹圆子”牌桃花香米、“湖香虾稻”牌系列湖香稻米、“王子牧虾”牌小龙虾均被认证为绿色食品 A 级产品，并在大型会展中多次斩获金奖，深受消费者喜爱。

三、做法模式

公司推广稻虾、稻鸭模式，提高土地利用率，节约土地资源，坚持“两不、两精准”，即不打农药、精准施肥，不用渔药、精准饵料。提供水稻工厂化育秧、飞机植保等全程机械化作业服务。推广种植显花植物保育天敌、释放赤眼蜂、安装太阳能杀虫灯、利用性诱＋食诱剂等措施控制虫害。利用植物疫苗控制水稻病害，利用鸭子除虫控草，减少农业面源污染。禁止焚烧水稻秸秆，保护空气质量，秸秆循环利用，改善农村生产生活环境，提升环境形象，提高群众环保意识。

1. 稻＋鸭＋虾模式　养殖一季小龙虾消耗分解水稻秸秆，灌水杀灭二化螟残蛹，小龙虾粪便作为有机肥种植优质水稻，水稻生长到一定阶段后，每亩投放 10 只鸭苗，利用鸭子薅秧、吃虫除草，达到稻鸭虾互利共生、稻鸭共作互利的效果。

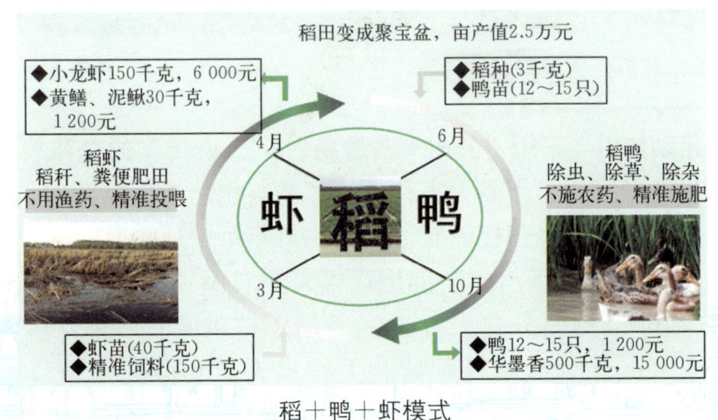

稻＋鸭＋虾模式

2. 互利复合生态种养模式 稻田中种一季油菜，收获油菜菜薹后利用再生的菜薹养殖一季小龙虾，捕捞小龙虾后种植一季优质水稻。该模式实现了“一降两减三增”，即油菜和水稻轮作秋耕杀灭二化螟残蛹，种植菜油两用油菜降低翌年水稻田间杂草量；培养天然饵料，减少饲料投入、减少翌年水稻肥料投入；增加油菜薹、水稻、小龙虾的产量，显著提升经济效益。

复合生态种养模式

3. 病虫害绿色防控 设置太阳能频振灯、利用性诱剂、释放赤眼蜂控制虫害，利用植物疫苗进行种子包衣处理，采用酸性氧化电解水为水稻种子浸种等措施预防水稻病害，采用健身栽培管理减少病虫害发生。

4. 培肥地力 利用绿肥培肥地力，提高土壤的保肥保墒能力。种植大叶紫云英，充分发挥大叶紫云英高产、固氮、培肥性状好的优势。增施有机肥、减少化肥用量。

太阳能灯、香根草等绿色防控措施

种植大叶紫云英

5. 示范带动作用 采用“公司＋基地＋农户＋市场”的合作模式，坚持生产规模化、栽培轻简化、产品无害化、管理精细化、效益最大化，打造完整稻虾产业链。农户将土地经营权流转给农场，每年每亩地收取租金500～700元，农户以土地入股，由农场承担全部生产投入，农民只负责管理，收益五五分红。农场摸索出“334”分配法，即30％用于村集体发展公共事业，30％作为农场收益，40％作为激励分配给相关技术人员和劳务人员，调动各方积极性。

6. 其他措施 水稻工厂化育秧、飞机植保等全程机械化作业，推行低茬收割，结合翻耕、开沟杀灭二化螟残蛹，二化螟轻发田秸秆粉碎后还田，重发田稻草离田后综合利用，利用水稻秸秆养虾增肥。

四、综合效益

1. 经济效益 农场建成稻虾综合种养示范基地 1 000 亩，再生稻高产示范片 500 亩，中稻高产创建示范片 5 000 亩，病虫害统防统治 57 000 亩，稻虾技术服务 12 000 亩。2023 年营收 1 053.47 万元，利润 135.18 万元，社员分红 120 万元，带动村集体增收 20 万元。

2. 生态效益 农场土壤有机质含量呈现逐年增长的趋势，2019 年有机质含量为 32.4 克/千克，2020 年为 32.6 克/千克，2021 年为 33.3 克/千克，2022 年为 33.9 克/千克。作物秸秆 100%粉碎还田，废弃农膜、包装物 100%回收集中处置，生活垃圾 100%分类收集转运。农药、渔药和化肥使用量分别减少 70%以上。

3. 社会效益 发挥示范带动作用，累计培训高素质农民达 3 000 人次。带动周边 2 万亩稻虾田升级为“双水双绿—稻鸭虾”模式，助推监利农业高质高效发展。2023 年，农场解决 32 名农民就业问题，带动周边农户 3 000 户，实现亩均增收 1 200 元。

湖南助农农业科技发展有限公司

一、基本情况

湖南助农农业科技发展有限公司成立于2017年，注册资金588万元，位于益阳市南县麻河口镇东胜村。农场采用稻虾共作模式，同步进行水稻的种植与小龙虾的养殖，充分利用稻田的浅水环境和冬闲期，有效提高稻田单位面积经济效益，实现一地两用、一水两收，农场采用村集体＋农户＋企业的合作模式，通过农场的示范效应辐射带动周边地区农户种植水稻，保底收购农户的水稻，为农民创收。

农场在南县麻河口镇东胜村流转1 500亩基地用于稻虾共生种养模式核心示范，与周边合作社签订了1.2万亩绿色水稻种植订单合同，采取统一供苗、统一种植、统一管理、统一技术服务、统一收购的方式生产。农场依托自身产业优势，结合南县稻虾产业发展现状，以产、学、研为方向，以智慧农业、品牌农业、生态农业为核心，着力打造以“特色养殖、三产融合”为基础的稻虾产业支撑服务平台，构建起以第一产业为先导，第二、三产业为联动的现代农业创新示范园。

农场鸟瞰图

二、经营理念

农场以“公司＋合作社＋基地＋农户”的合作模式，通过农场的示范效应辐射带动周边地区农户种植水稻，保底收购农户水稻，实现农民创收、企业增效，探索出了一条生态循环的“绿色农业＋农旅融合”发展道路，有效促进了资源循环利用和农业可持续发展。

三、做法模式

农场遵循“整体、协调、循环、多样”原则，通过整体设计和合理建设，采用一系列可持续发展的现代农业技术，实现了农场经济、生态和社会效益的协调统一，促进农业生态环境保护和农业的全面可持续发展。

1. 实施“稻虾共生”生态循环农业模式 农场依据县域湖乡优势条件，采用“稻虾共生”生态循环农业种养模式，利用生态有机种养理念将种植业和养殖业有机结合，即稻田套养小龙虾，并在虾沟内种植轮叶黑藻或伊乐藻等水草，发挥小龙虾除草和排泄物增肥等功效，达到“田面种稻，水体养虾，虾粪肥田，稻虾共生”的效果。实现生态养殖，提高亩均效益，减少化肥农药的施用，从而降低农业面源污染，促进农业生态环境保护和农业的全面可持续发展。

稻虾共养

2. 应用生态农业技术

（1）土壤培肥。采用秸秆还田的方式进行土壤培肥，综合利用稻谷收割后的秸秆，增加土壤有机质、改善土壤结构。通过“稻虾种养＋粪肥还田”绿色种养循环技术路线，降低化肥用量，减轻环境污染。

（2）病虫害防治。应用生态农业技术，控制投入品使用。采用理化诱控手段，在稻田的田埂上安装高空昆虫诱控设备或风吸式太阳能杀虫灯，每 30 亩配 1 盏，安装二化螟、稻纵卷叶螟诱捕器，每 10 亩配 1 盏，通过灯光和诱芯的双重作用捕杀害虫。通过释放赤眼蜂防治害虫的技术进行生物防治，覆盖面积达 1 000 亩。农场还采用人工除草的方式，杜绝了化学除草剂的使用。结合生物的特性，农场水田的田埂上还种植了香根草等生态植物，不仅增加田间生态多样性，还有利于田间益虫的生存和繁殖，从而起到对害虫的控制作用，降低农药投入，节约防治成本。

杀虫灯、诱捕器诱杀害虫

（3）废弃物综合利用。建立生产物资包装废弃物的循环利用机制，回收循环利用或分类回收交当地农机站统一处理，确保生产物资包装废弃物得到正确的循环利用和处理。

（4）水资源高效利用。根据土地利用情况及种养结构等进行综合分析和比较，在此基础上开展了智慧灌溉节水提质工程改造，通过智能农业灌溉系统提高基地水资源利用率，同时采用农业物联网精细农业控制系统做到节能环保。

智慧灌溉

3. 构建稻虾全产业链智慧农业体系　农场构建稻虾全产业链智慧农业体系，利用物联网、云计算、大数据等技术创建农业新业态，将种苗、生产管理、场地环境、监督监测、加工物流等数据有效结合起来，做到农业数据统一监管，实现农产品质量安全与可视溯源以及农业生产管理效能提升。

（1）搭建南县稻虾全产业链数字平台。通过搭建南县稻虾农业大数据平台整合质量资源数据，对区域内所有农业经营主体的物联网建设点的地理信息、企业信息、环境变化信息、生产管理信息、农资流通信息等进行远程管理。实现区域农业发展，食品安全监管溯源，标准化种植技术推广，种植结构调整，农业数据统一监管等。通过计算机大数据技术和云存储技术，精确地采集稻田墒情、苗情、水质的实时数据，为科学精准种养提供背书。

南县稻虾全产业链大数据中心

（2）建立南县稻虾米质量监管追溯平台。依据南县稻虾产业结构特点与实际，通过互联网、物联网、移动通信、云计算等新一代信息技术的创新应用，建立了基于“南县稻虾米”区域公共品牌质量保障与溯源管理的监管平台。通过“三确两检一码”管理机制，从根本上保证了稻虾米的品质。“三确”即通过确定地块定位到具体农户、地块和边界；通过确定种子确定总量、确定品种，统一购种凭证，做到种子和地块相匹配；通过确定投入品，确定地块农药、化肥等施用量，确定产出的水稻符合绿色、有机、欧盟哪个标准。通过农产品质量安全追溯与监管系统的应用实现农产品全生命周期管理，全面实施对稻虾米质量的监管与溯源。

四、综合效益

1. 经济效益　农场采用数字化、信息化管理与稻虾共作生态种养新模式相结合，实现每亩产小龙虾 130～150 千克、稻谷 500～550 千克，较常规稻田每亩可增加净收入 2 000 元以上，同时每亩可节省生产成本 50～200 元。2023 年，营业收入为 12 761.33 万元，较 2022 年同期增长 5%。通过“稻虾＋农旅”三产融合，利用农事庆典结合线上直播举办小龙虾捕捞节、稻虾文化节、农民丰收节等各类品牌宣传活动，实现年接待游客达 5 万余人，直接带动农产品销售收入约 1 000 万元，有效拓展农产品销售渠道。

2. 生态效益 农场应用生态农业技术措施，改变传统农业大量投入化学肥料、农药来提高产量的方式，每年农药用量减少 20%以上。采用智能农用无人机精准作业和农田数字化管理，减少农药、化肥的用量，并节约水资源，减轻农业面源污染，保护生态环境，实现农业可持续发展。

3. 社会效益 采用“公司＋合作社＋基地＋农户”模式，以订单收购为纽带，将稻虾种养、收购加工、销售有机结合。通过流转土地，聘用当地村民进行农事管理，为当地村民提供就业机会，既增加农民收入，又避免了土地闲置，促进资源有效利用。辐射带动周边种植 1.5 万余亩水稻，促进农户每亩增收 1 000 元以上。利用洞庭虾网平台定期举办线上、线下技术培训，提高种养农户的专业技能和管理水平，带动更多人从事稻虾产业。大力发展稻虾＋农旅项目，推进“公司＋村集体＋乡村振兴合伙人＋农旅”的运营模式，2021—2023 年累计为周边村民提供就业岗位 120 多个，带动乡村振兴合伙人户均增收 16 万元，村集体增收 46 万元，有效促进农村经济发展。

华 南 地 区

万保农牧集团有限公司

一、基本情况

万保农牧集团有限公司成立于2012年，注册资金6 000万元，位于三亚市崖州湾。是一家从事养殖，种植，生物有机肥、液体肥的研发、生产加工和销售的农业公司。农场位于三亚市育才生态区，占地面积5 000亩。农场养殖母猪5 000头、年产仔猪10万头；种植榴莲500亩、菠萝蜜500亩、柠檬200亩，以及西瓜、凤梨等。农场以生态循环农业为基础，积极打造榴莲产业链，参与组织海南三亚榴莲科技小院和海南万保榴莲产业研究院，与马来西亚雪兰莪州佛诚生态园有限公司签订战略合作协议，引进榴莲种质资源和先进的种植技术。农场建成三亚市农业有机废弃物无害化处理和资源化利用中心，面积3 600平方米，其中固体有机肥生产线1条，液体有机肥生产线1条，年产有机肥8万吨、液体肥2万吨。建成300平方米沼气工程，应用欧盟CSTR热电肥联产技术。建成智能水肥一体化配送中心，配套水肥一体化设备、管网输送系统等。建成秸秆收储运体系，打造了5万吨秸秆碳化还田及综合利用项目。

农场鸟瞰图

二、经营理念

农场以研、种、养、加、教立体耦合模式，探索猪-沼-有机肥-果蔬、农业废弃物-生物炭＋有机肥-土壤改良，以及林下套种西瓜、凤梨等模式。打造内外双循环模式，形成以有机肥厂、畜禽无害化处理中心、农业废弃物回收站为核心的区域外循环和以种植基地、林下养殖、智慧农业为中心的种养主体内循环。加强与高校等科研单位合作，破解生态循环农业关键技术问题，推广热带特色农业生态循环发展模式。创新推广机制，建立服务团队，加快生态循环农业新技术、新成果的转化，依托基地示范园区，将先进技术及成果直观地展现在农民眼前，实现“做给农民看、带着农民干”的理念，带动区域农业绿色发展，帮助农业增产和农民增收。

三、做法模式

1. 生态循环农业模式　农场建成了以生态农业为引领的现代生态循环农业产业园，形成了内外双循环。内循环是指以榴莲、菠萝蜜等特色产品产业链构成的小循环，选种、育苗、生产、加工、销售、废弃物回收利用等形成了一个闭合生态循环系统。外循环是指产业园各生态循环农业主体之间的研发、生产、加工、销售、消费、回收、利用等形成融合发展的完整产业链。现代生态循环农业产业园中 A1 到 A6 分别代表不同产业的主体类型。不同类型主体构成循环系统，提高了资源利用率，促进了区域农业生产废弃物生态消纳与循环利用，通过种植、养殖、加工与三产融合，实现区域农业资源利用节约化、生产过程清洁化、产业链条生态化、废物循环再生化、生产效益最大化、生态管理全面化。

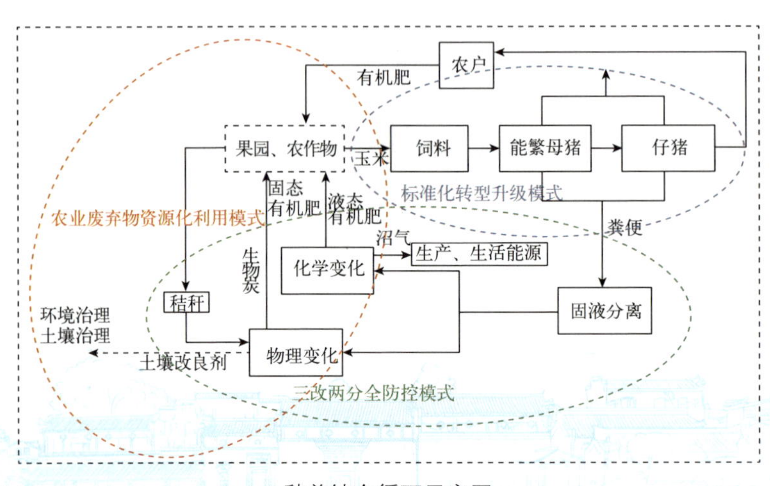

种养结合循环示意图

2. 生态技术应用

(1)建设沼气工程。沼气工程的沼渣、沼液经过固液分离后，沼渣与秸秆等农业有机废弃物混合制成固体有机肥，沼液制成液体有机肥。沼液中含有丰富的营养物质，可作为一种液态速效肥料。固体有机肥以订单方式销售，液体有机肥通过智能水肥一体化系统供给果树使用。通过物联网信息管理平台将沼气工程、有机肥生产、水肥一体化系统、测土配方等进行统一管理。

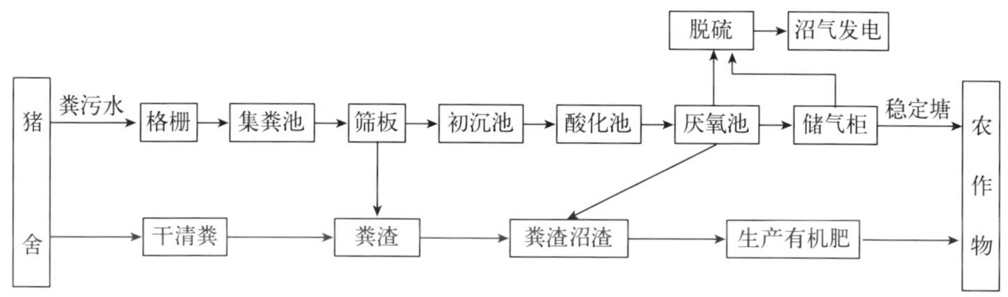

沼气工程工艺图

沼气液化设备

(2)生产生物炭。农场建设农林秸秆碳化工厂，租用 4 000 平方米厂房，建成年处理秸秆 5 万吨、生产生物炭 1 万吨的秸秆碳化生产线和年产 5 400 吨的土壤调节剂生产线。同时建立秸秆收储点，定期进行秸秆回收，回收的秸秆运往生物肥工厂进行碳化加工，建成年产 3 万吨的碳基生物肥生产线。

生产设备

(3) 建设智慧农业系统。依托榴莲、菠萝蜜标准化生产示范基地，利用物联网、大数据、遥感监测等现代化信息技术，建成榴莲生长一体化监测系统。配备植保无人机、水肥一体化等设备，构建榴莲种植智能装备作业系统。建成智慧生态农场管理系统，对榴莲种植数据进行采集、分析和预警，并对基地数字化设备进行联网管理，实现农资、设备、农事、人员等关键环节精准管理，提升榴莲生产标准化、数字化、智能化水平，提高果品品质。通过可视、可控、可预警、可推广的榴莲数字种植业发展模式，实现节本增效，带动海南省数字农业创新应用发展。

四、综合效益

1. 经济效益 通过构建生态循环系统，提升农产品质量，降低生产成本。2023 年农场营业收入 4 600 万元，净利润达 800 万元。随着有机肥料项目的投产以及 500 亩榴莲进入丰产期，2024 年农场营业收入 15 000 万元、净利润3 000 万元。

2. 生态效益 通过种养结合方式，种植产生的秸秆成为养殖的饲料，而养殖产生的粪污成为种植的优质肥料，打破种植系统和养殖系统的壁垒，畅通物质循环和能量流动，达到种养之间相辅相成、相互促进的效果。同时，种养结合循环农业模式下，将秸秆制备成生物炭、畜禽粪污无害化处理成为有机肥料，可提高土壤有机质含量，改良土壤理化性状。

3. 社会效益 在联农带农方面，农场利用自身资源，为本地农户创造就业岗位 200 多个，培训农民 1 200 多次。与三亚市政府合作带动 415 户农户增收致富，以保底分红的方式保障其收入，2017—2023 年，共分红 400 余万元，免费发放肥料 300 多吨。

西北地区

西安鄠益美生态农业科技有限公司

一、基本情况

西安鄠益美生态农业科技有限公司成立于2014年，注册资金1 000万元，位于西安市鄠邑区甘河街道运渠店村。农场总面积237亩，其中葡萄种植面积100亩，粮食种植面积100亩，养殖肉牛100头，集农产品生产、加工、销售，餐饮，休闲观光，科普教育于一体。农场秉承“做一流农产品，点‘绿’成‘金’”的理念，以“秸秆-畜-沼-果-肥”绿色低碳种养循环模式为核心，形成作物秸秆喂牛、牛粪通过沼气池发酵成沼肥、沼肥用于种植葡萄和小麦、葡萄枝条粉碎接种沼肥发酵成有机肥的绿色低碳生态循环农业产业链条，走上了一条生态优先、产业发展、集体增收、村民致富的乡村振兴之路。

农场种植的葡萄通过绿色食品认证，获得2017年、2018年西安市葡萄评优大赛银奖，2019年全国鲜食葡萄金奖，2020—2024年被授予“户县葡萄”农产品地理标志。2021年农场被确定为全国农产品全程质量控制技术体系试点生产经营主体、全国生态环保优质农业投入品（肥料产品）应用试点，葡萄产品被纳入全国名特优新农产品名录。2022年9月通过中国良好农业规范认证，2022年获得西安市葡萄评优大赛铂金奖。2023年获得第三十届中国杨凌农业高新科技成果博览会“后稷奖”。

二、经营理念

农场以发展生态循环农业为基础，以“秸秆-畜-沼-果-肥”绿色低碳种养循环模式为核心，形成作物秸秆喂牛、牛粪通过沼气池发酵成沼肥、沼肥用于种植葡萄和小麦、葡萄枝条粉碎接种沼肥发酵成有机肥的绿色低碳生态循环农业产业链条，为葡萄全生长周期提供优质能量的同时，实现畜禽粪便等农业废弃物资源化利用和果业的绿色高质量发展。此外，农场通过果园生草、水肥一体化、精准农业、追溯管控等领先技术践行绿色生态理念，建立生产记录、投入品入库记录，开展农残检测，粘贴农产品合格证等多重措施，保证每一颗葡萄的高品质，实现经济效益与生态效益的双赢。

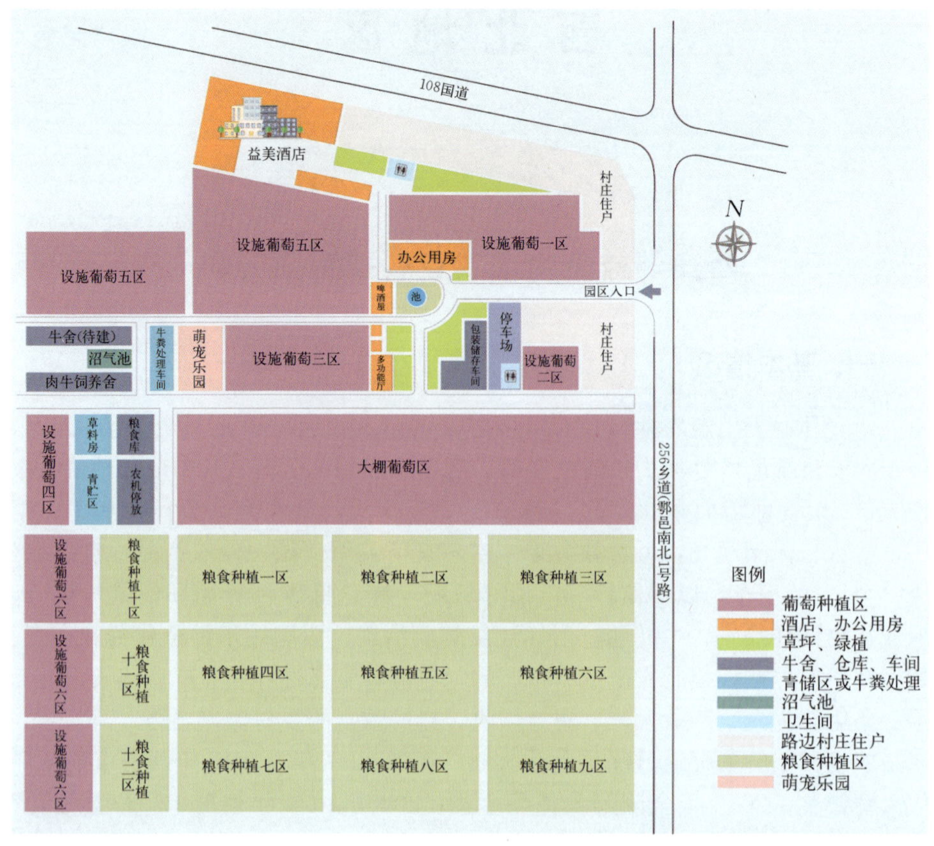

园区规划图

三、做法模式

1. “秸秆-畜-沼-果-肥”绿色低碳种养循环模式 农场以种植葡萄、粮食作物和养殖肉牛为重点，通过“秸秆-畜-沼-果-肥”绿色低碳种养循环模式，实现畜禽粪便等园区农业废弃物的全量利用和葡萄产业的可持续发展。“秸秆-畜-沼-果-肥”绿色低碳种养循环模式是以沼气和堆肥发酵为纽带，上联养殖业，下联种植业，实现园区生产废弃物“零排放”。将养殖产生的畜禽动物粪便以及种植产生的农作物秸秆等原料通过沼气发酵和堆肥发酵，生产优质有机肥和沼液肥，用于果园农业生产。建设沼气池 4 处，共计 2 000 立方米，全年生产沼肥 1 万立方米，沼气供应园区及生态酒店做饭及生产发电，沼液肥作为冲施肥料用于施肥、杀虫，沼渣作为有机肥原料，葡萄枝条粉碎与沼肥沼渣混合发酵成有机肥，大量沼肥及有机肥的施用能显著增加土壤有机质、改善土壤结构、疏松土壤、增加土壤孔隙度，同时实现了农业废弃物100%资源化利用。果园行间种植三叶草、黑麦草等绿肥作物，能够改善生态环境，提高土壤保水和蓄水能力，提高葡萄产量品质的同时，减少化肥、农药的用量，形成了投入品减量化、生产清洁化、废弃物资源化、产业模式生态化的绿色低碳种养循环模式，有效减轻了农业面源污染，改善了农村生态环境。

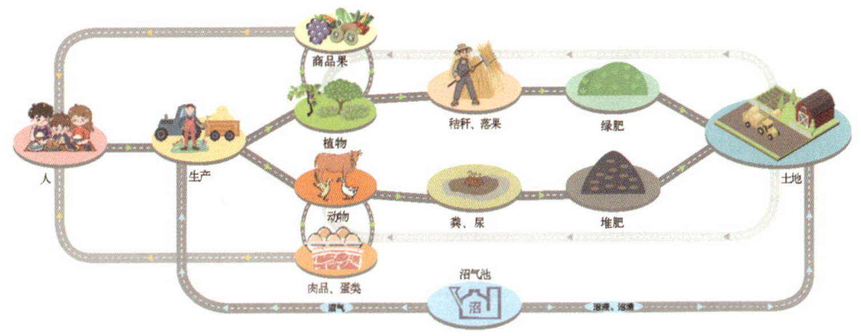

“秸秆-畜-沼-果-肥”绿色低碳种养循环模式

葡萄园

堆肥区

2. 病虫害绿色防控技术 采用物理和生态防治代替化学防治的方式进行综合管理，以植物源、矿物源和微生物农药的施用为主，采取避雨设施栽培，以及黄板、杀虫灯等物理防治措施，6—7 月增设捕虫器，结合施用性诱剂、木醋液、喷施型防病菌剂等，树干涂白、及时清园，降低病虫害发生基数，极大地减少农药的施用。

黄板、杀虫灯

3. 建立全过程追溯体系 2021 年，农场被确定为全国农产品全程质量控制技术体系试点生产经营主体，生产的葡萄全部经过农药残留检测后上市销售。农场建立了产品追溯平台，实现环境实时监测，以及生产基地、投入品、田间档案、农事操作、质量管理、包装销售等的全过程可追溯。建立农药、化肥等农资购销台账，对施肥、用药、灌溉、采摘及销售情况等进行记录。沼肥、灌溉水与土壤每年送至第三方公司进行安全监测，保证肥源、灌溉水和土壤清洁无污染。

4. 打造卓越品牌，赋能产业高质量发展 打造地域和企业品牌，“鄠益美”为统一商标，在西安本地有很高的知名度。“鄠益美”葡萄，多次获得西安市葡萄评优大赛铂金奖，2023 年获得第三十届中国杨凌农业高新科技成果博览会“后稷奖”。通过设计品牌形象、运营线上自媒体、对外参展、参加各类产品评选活动等，将生产端与销售端串联，解决了农产品高品质低价格的难题，提高了县区葡萄的种植效益和经济效益。加大品牌运营渠道建设等轻资产的投入，保障县区葡萄产业高质量发展。

产品包装

5. 数字化赋能，实现智慧种植　引入农业物联网环境智能监测系统，安装摄像头、传感器、控制网关等设备，对光照度、土壤温湿度、空气温湿度、风速风向、降水量、大气压力等指标进行实时监测，并通过系统控制中心对指标数据进行分析处理，实现果园种植环境的可视化管理。

传感器和监控设备

四、综合效益

1. 经济效益　通过“秸秆-畜-沼-果-肥”绿色低碳种养循环模式，减少化肥和农药的施用，降低生产成本，提高经济收入。近年来，鄂益美葡萄凭借其味道鲜美、绿色安全的特质广受欢迎，每年通过冷链运输销往全国各地，2023 年葡萄总产值 200 万元。

2. 生态效益　农场建设沼气池 4 处，全年生产沼肥 1 万立方米，利用甘河街道的农村家庭粪污和周边养殖场粪污，有效解决农村环境污染问题，改善人居环境。在种植过程中大量施用沼肥，极大地降低化肥投入，有效解决农业面源污染问题。

3. 社会效益　农场以“果业种植、畜禽养殖”为产业发展重点，通过技术指导、产品帮销、园区务工等方式，带动周边农户提高种植技术、提高产量、增加收入。通过务工的方式带动周边农户 20 余人就业，人均年收入约 4 万元。多次对周边种植户进行宣传培训活动，提高农户对生态农业技术的了解和重视，推动农业绿色发展。

甘肃前进牧业科技有限责任公司

一、基本情况

甘肃前进牧业科技有限责任公司成立于2013年，注册资金9 412万元，位于张掖市甘州区石岗墩开发区，是由前进村党总支发起，群众积极参与入股的股份制企业。经过多年发展，农场已成为集乳品生产、饲料加工、有机肥生产、冷链运输、饲草种植、奶牛养殖、技术咨询服务于一体的现代化综合型企业。

农场现有员工1 800余人，基地总面积4 500亩，其中种植基地3 000亩，养殖基地1 300亩，建有各类圈舍30栋，总面积20万平方米，青贮窖6栋，总容积7.8万立方米，堆粪场面积2万平方米，拥有100多辆冷链运输车。自有饲草基地10万亩，牧场20个，主要饲养美加系、纯澳荷斯坦系奶牛，奶牛存栏6万头，日产高品质生乳近800吨。建成日处理能力150吨和500吨的乳品厂各1座、年生产能力10万吨和30万吨的饲料厂各1座、50万吨有机肥厂1座。目前产品系列涵盖巴氏鲜奶、常温纯牛奶、低温酸奶、常温酸奶、乳饮料、奶味制品6大类近40个品种，远销四川、广东、福建等地，并与菊乐、三联、天友、燕塘、晨光等知名乳业公司建立了长期战略合作关系。

农场高度重视奶业科技发展研究，先后取得一种奶牛饲料研磨装置和一种奶牛饲料混合机等28项专利，在核心期刊发表《绿洲农作区乳肉兼用型牛选育技术研究与探讨》、《营养舔舐砖改善泌乳奶牛异食癖等现象的效果试验》、《高产荷斯坦奶牛清洁健康养殖技术研究与探讨》、《奶牛规模化养殖牧场粪污资源化利用方法与技术路径研究》等论文6篇。

牧场全景图

二、经营理念

张掖市是国家玉米制种基地和奶肉牛养殖基地，农作物秸秆和优质牧草资源丰富，发展草食畜牧业具有得天独厚的饲草资源优势。对建立草畜平衡的种养结合型循环农业发展格局，促使物质能量在更高层次上实现良性循环具有重要意义。近年来，农场高产荷斯坦奶牛养殖基地已形成规模，但规模化养殖业带来的粪污污染严重影响了发展。

通过将牧草种植（如紫花苜蓿、燕麦、青贮玉米、大豆等）、奶牛养殖、有机肥生产相结合，形成“牧草-奶牛-有机肥-绿色优质鲜奶-市场”的发展模式，打造标准化种养结合技术集成示范的循环农业发展新格局，实现农业资源利用节约化、生产过程清洁化、产业链条生态化的目标。

万亩饲草基地

三、做法模式

以畜禽养殖业为主导，以提高资源利用效率和实现区域农业废弃物“零排放和全消纳”为目标，以减量化、无害化、资源化、生态化为原则，重点开展养殖废弃物循环利用、农药化肥减量施用、秸秆综合利用等设施建设和技术应用，促进区域农业生产废弃物生态消纳和循环利用、种植业与养殖业相互融合。

1. 饲草有机种植与加工　种植青贮玉米3.5万亩，基地土地平坦，便于机械化作业，均已配套滴灌装置和喷灌装置，亩产青贮玉米4.5吨以上，干物质含量和淀粉含量均在30%以上，生产的青贮玉米主要用于奶牛养殖。

玉米青贮

2. 奶牛高效清洁健康养殖技术 拥有18个荷斯坦奶牛规模化养殖牧场和2个肉牛养殖牧场，荷斯坦奶牛现存栏总量48 000多头，日产鲜奶750吨。荷斯坦奶牛品种主要从澳大利亚和新西兰引进，种群结构良好，群体良种率达90%以上，泌乳牛占群体的40%以上。在现有信息化管理系统的基础上，购置智能环境控制系统、犊牛饲喂系统、数字化精准饲喂管理系统、自动化产品收集系统、链条式刮粪系统、固液分离系统、自动冲粪系统，建立更加完善的现代奶牛养殖数字化管理平台，大幅提高内部信息化管理水平和各业务部门生产效率，提高业务操作准确性，实现规模化、集约化、工业化的奶牛养殖。

转盘式挤奶设备、标准化牛舍

鲜奶生产车间、冷链运输

3. 废弃物处理 一方面将作物秸秆、牧草作为奶牛饲料，奶牛粪便再转化成有机肥用于牧草种植。另一方面将奶牛养殖粪污、农作物秸秆、生产污水等作为沼气基料处理，产生的沼气用作燃料，沼液、沼渣用作有机肥。既有效消纳了废弃物，又产生了能源和肥料，实现了牧场清洁生产、生态循环的目标。

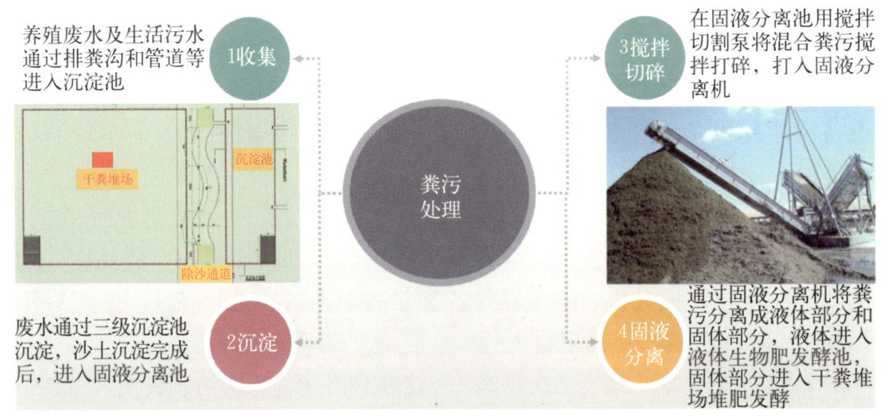

粪污无害化处理

（1）生产有机肥。建有 2 条颗粒有机肥生产线，以颗粒有机肥的生产为主，收集企业自有牛粪、秸秆和周边企业糠醛渣、菌渣、凹凸棒土、秸秆粉末等作为原料，通过发酵、翻堆、粉碎、筛分、配料、搅拌、造粒、烘干、冷却、除尘、包膜、装包等系列工艺流程，年可处理牛粪 30 000 多吨。同时，农场生产的有机肥与养殖农户牛粪 1∶3 置换，既解决了农户养殖粪污处理难的问题，又为农户提供了有机肥料，实现了养殖和种植的有机循环，达到种养结合、农牧循环、就近消纳、综合利用的可持续发展作用。

（2）建设沼气工程。先后建设 2 处共 3 600 立方米大型沼气工程，建立了农业废弃物作为沼气资源利用的发展模式，将奶牛养殖场排泄物、农作物秸秆废弃物、垫料、剩草、待挤厅和挤奶厅生产污水等作为沼气基料处理，产生的沼气作为燃料，沼液、沼渣作为有机肥。

有机肥生产

沼气工程

4. 有机肥生产　子公司甘肃前进生物科技发展有限公司占地面积 500 亩，现有员工 12 名，外聘土壤农化肥料、耕地质量保护专家 2 名，建成物料混合车间、发酵车间、翻抛陈化车间、干燥车间、粉碎车间、制粒车间、包装车间、成品库等，配套深层连续池式发酵翻堆机、自清粉碎机、立式粉碎机、盘式搅拌机、皮带输送机、圆盘造粒机、引风机、二合一回转圆筒机、滚动筛分机、转鼓涂膜机、自动电子包装机等有机肥生产全套设备，以及电控系统、干燥设备、冷却设备，安装材料设备支架、接料管、维护平台等，实现清洁环保、连续流水式高效生产。

5. 饲料精料加工　子公司甘肃圣康源生物科技有限公司主要经营饲料、添加剂预混料的生产、销售等，建设预混料生产车间、原料库、成品库，购置膨化仓、成品仓、提升机、除尘器等各类设备共计 412 台（套），投产后年产精饲料 100 000 余吨，年销售收入达 3.5 亿元，带动就业 80 余人。

6. 安全生产　奶牛实行三次挤奶、三次整理卧床、三次清理粪便，做到牛走粪清、粪清床净、床净料到、料到牛回的全方位精细化清洁健康养殖技术体系。应用流行病学调查、临床症状、病理剖检和实验室病原检测等方法对牧场进行疫病普查；高度重视奶牛布鲁氏菌病、结核病、乳房炎、口蹄疫等疫病防控，全面开展高产奶牛品种选择、低乳房炎发病核心群培育，坚持每年两次检测奶牛两病（布鲁氏菌病、结核病），加强环境控制，消毒灭源，严防口蹄疫传播。

四、综合效益

1. 经济效益　荷斯坦奶牛养殖场投入主要为 TMR 饲喂、饮水、清粪等机械配套，饲草料大型收储设备，人员工资等组成。精饲料主要由自建的精料加工中心加工配制，饲草主要有紫花苜蓿、青贮玉米、燕麦干草等。年投入成本约 1.32 亿元。奶牛场产出主要由鲜奶、犊牛、淘汰奶牛、粪污无害化处理等组成，年产值 1.734 2 亿元。

2. 生态效益　通过建立种养结合互利模式，提高了牧场粪污等废弃物无害化处理技术，2023 年牧场粪便、秸秆等废弃物循环利用率达到 90%以上，有机肥氮替代化肥氮的替代率达到 30%以上。水肥一体化的应用，扩大了牧草种植区域。牧草种植施用的化肥、农药、杀虫剂等减量 70%，秸秆饲料化、粪污无害化处理率达到 100%，奶牛养殖成本减少 10.3%，节省饲料 8%～10%，奶牛发病率降低 10～15 个百分点，因病死亡率降低 2 个百分点。

3. 社会效益　通过转变发展方式、强化农业设施装备、提升科技水平、创新经营模式，引领当地农业产业改造升级，发挥示范和辐射带动作用，带动民乐县和周边乡镇的农户种植青贮玉米 5 000 亩，农户每亩增收 300～500 元，牧场增加就业人数 200 多人，同时间接带动当地运输业、服务业发展。

宁夏新希望贺兰山牧业有限公司

一、基本情况

宁夏新希望贺兰山牧业有限公司成立于2011年，注册资金2.7亿元，总投资4.5亿元，位于吴忠市孙家滩国家农业科技园区，地势高燥、排水通畅、环境安静，周围植被多为矮生灌木和草本植物，养殖犊牛、育成牛、泌乳牛等。牧场占地面积6 300亩，其中，养殖区1 100亩、种植区4 200亩，种植青贮玉米、燕麦草等饲草。奶牛存栏11 416头，泌乳牛5 412头，泌乳牛年单产1.3万吨，日产鲜奶220吨，牛奶脂肪含量4.8%、蛋白含量3.5%、干物质含量14%。近年来，牧场先后通过了畜禽养殖有机认证、绿色食品认证、GAP认证等。

牧场鸟瞰图

二、经营理念

牧场自建成以来，以打造生态循环牧场为经营理念，采用“饲草种植+奶牛养殖+粪污合理化利用”的全产业链协同发展模式。利用自有土地种植饲草，为奶牛提供优质饲料，牧场养殖过程中产生大量粪污，通过干湿分离技术、膜过滤技术等对粪污进行分离过滤，部分干粪渣晾干后作为牛床垫料，粪水经过再次分离过滤，其中85%的清水进行农田灌溉，15%的富集浓缩液作为有机肥还田，利用种植产物进行养殖生产，形成“种植-养殖-粪污综合利用循环”的模式。

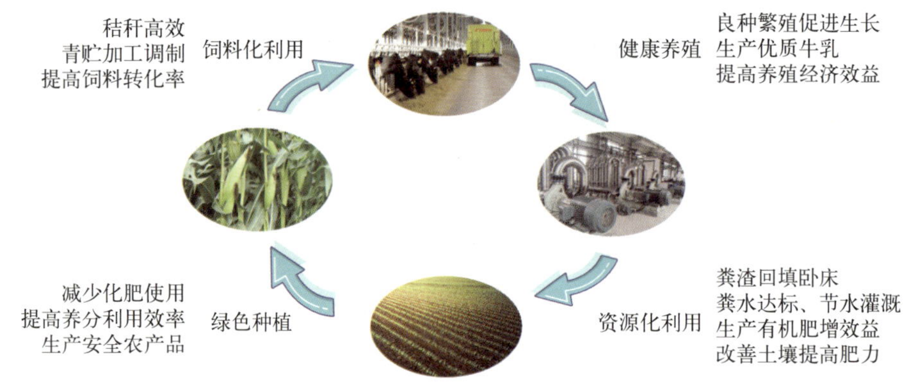

种养结合生态循环农业模式

三、做法模式

1. 推广有机饲草种植 种植苜蓿、燕麦草、青贮玉米等，将牧场的粪肥作为肥料，实现循环利用。青贮玉米年产 3.5 吨/亩，苜蓿年产 800 千克/亩。青贮玉米干物质含量 32%以上，淀粉含量 31%以上，苜蓿 RFV（相对饲喂价值）170 以上，蛋白质含量 20%以上，达到优级牧草标准。

青贮饲料

2. 科学高效的牧场管理

（1）标准化饲喂。 根据不同生长阶段牛群生长需要，结合奶牛精准营养配方软件（CPMC）制定合理的日粮配方，采用 TMR。

（2）疫病防控。 每年进行 3 次口蹄疫、布鲁氏菌病、结核病检测防控。利用管理软件检测牛只行走步数、牛奶电导率、躺卧时间等指标监控牛群健康，同时饲喂中药进行预防。

（3）应用先进智能化设备。 牧场引进犊牛自动饲喂系统、智能化推料机器人、2 套 2×52 并列挤奶机和自动水冲系统。

（4）建设污水处理系统。牧场投资 2 500 万元建成污水处理系统，养殖产生的粪水利用膜过滤技术，分离出的 85％清水作为种植饲草的灌溉用水，15％的富集浓缩液作为有机肥施用。

（5）安装牧场监控管理系统。安装奶牛管理系统 DC305 软件、阿菲金奶厅管理系统、Feed Watch 饲喂管理软件。

（6）配套奶牛福利设施。冬季搭建挡风墙、夏季用喷淋风扇给奶牛降温，安装喷雾装置降低牛舍温度，节约用水。

智能化设备

标准化饲喂

污水资源化利用

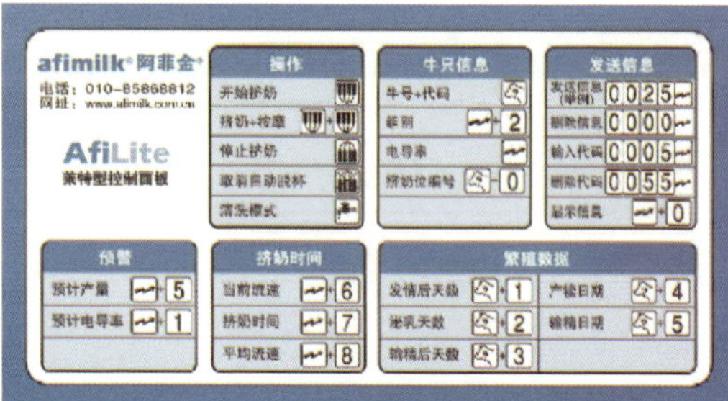

牧场监控管理系统

四、效益分析

1. 经济效益　牧场每年可提供牛奶 6 000 吨，实现销售收入 2 400 万元以上。粪污分离出的365 000立方米水用作灌溉水，可节省成本76 650元；产生的富集浓缩液作为有机肥施用，每年可节省化肥成本12万元；粪渣回填卧床，节省垫料费用182.5万元。种植青贮玉米、苜蓿等饲草7 000吨，每年节省成本140万元。

2. 社会效益 通过实施牧场粪污利用项目，形成“种植-养殖-粪污资源化利用”的种养循环农业模式，实现牧场废弃物零排放，对周边奶牛规模化养殖起到示范带动作用。由于粪污循环利用等项目实施，牧场先后获得有机种植认证和有机养殖认证，牛奶价格比普通牛奶高出20%，带动了周边牧场绿色低碳发展。

3. 生态效益 通过“种植-养殖-粪污资源化利用”的种养循环农业模式，牧场粪污循环产生的水和有机肥用于饲草种植，提高饲草种植质量，同时有机肥施于农田，改良土壤结构、提高土壤有机质含量，实现了生态循环利用，形成了可复制推广的畜禽粪污资源化利用机制和市场运营模式。

西 南 地 区

重庆海林生猪发展有限公司

一、基本情况

重庆海林生猪发展有限公司成立于2007年，注册资金1 412万元，位于重庆市涪陵区南沱镇关东村。农场占地126亩，经过科学合理规划，其中46亩用于养殖，39亩用于种植，41亩作为生态保留地。养殖区内，饲养山地特有猪种“涪陵黑猪”。种植区内，种植龙眼、香蕉、柑橘等果树，以及玉米、茎用芥菜、番茄、草莓等农作物。此外，农场内有16 000平方米的鱼塘，为游客提供垂钓场所。农场设立了生猪养殖专家工作室和“涪陵黑猪”专家大院，与重庆市畜牧科学院保持紧密合作，并于2024年与中国工程院院士李德发共同建立“涪陵黑猪种养循环院士工作站”。同时，销售网络已覆盖全市，设有181家涪陵黑猪专卖店及大型超市专柜，涪陵黑猪在重庆市场的份额逐年攀升。

农场全景图

农场拥有实用新型专利22项、发明专利3项。2023年，成功通过重庆市“专精特新”企业和“高新技术”企业认定。涪陵黑猪肉获得有机产品认证证书、地理标志证明商标及绿色食品认证，并被评为重庆市名牌农产品。

二、经营理念

通过20多年的创新实践，农场形成了“三品、三生、三共”的发展经营理念。即关注“品种培育、品质提升和品牌建设”的产品理念，可在激烈的市场竞争中脱颖而出；追求“生态、生活、生产”的和谐发展路径，可将环保、员工福利和生产效率紧密结合；实现“共建、共享、共富”的发展目标，使农户、员工和社会共享发展成果，建立“公司＋村级集体经济组织＋家庭农场”运行机制。以移动式智能猪舍为主要装备，建立现代家庭农场，升级种养循环模式，将每个家庭农场当作“涪陵黑猪产业生产车间”，进行统一技术指导、统一装备、统一销售，与200多家专卖店深度融合，极大地提高了品牌效益和家庭农场收入。

三、做法模式

1. “猪、沼、桑、粮/菜”种养结合模式 推行“猪、沼、桑、粮/菜”的循环模式，将生猪养殖与桑树、玉米、青菜种植紧密结合。生猪排泄物经异位发酵床处理后转化为有机肥，用作桑树、玉米、青菜种植的肥料来源，玉米秸秆用于还田利用，桑叶和尾菜加工成饲料用于生猪喂养。该模式实现了畜禽粪污、农作物秸秆的就近就地还田利用，起到了化肥减量、土壤质量改善、减排固氮等作用。

“猪、沼、桑、粮/菜”种养结合模式

2. 生态养殖技术 自主研发的移动式猪舍获得专利23项，以移动智能猪舍为载体，发展家庭农场，让涪陵黑猪住进吊脚楼，观赏田园画，吹着自然风，享受阳光浴。移动智能猪舍配备了自动化投料饮水系统、温湿度控制系统和清粪系统，能通过手机实现远程定时、定量地投放饲料和饮水，控制温湿度和通风，自动清粪施肥、播放音乐等操作。饲养过程中人与猪不直接接触，降低生物安全风险，减轻养殖劳动强度，提高黑猪抗病性，减少疫情发生，确保生物安全，实现生猪福利养殖。

移动猪舍和田间猪舍

3. **生物发酵饲料技术**　对传统饲料配方进行改革，利用生物发酵技术将桑叶、茎用芥菜尾叶、太极集团药渣等绿色植物性饲料及副产物喂养涪陵黑猪。这种饲养方法不仅显著提升猪肉的风味和品质，更重要的是，大幅度降低了对玉米-豆粕日粮的依赖程度，提高了饲料的消化吸收率，降低了饲料成本，提高了养殖效益。

饲料加工

4. **废弃物高效利用技术**　建设了先进的污水处理系统和沼气工程，有效减少污水和废气排放，将污染降至最低。同时，猪粪处理采用干湿分离技术，干粪被转化为有机肥用于土地施肥，湿粪则通过厌氧发酵转化为沼气，这种资源化利用方式不仅解决废弃物处理问题，还带来了额外经济效益。

粪便异位发酵处理车间

5. 畜禽种质资源保护 盆周山地猪是重庆市传统的地方猪种，通过建立现代化的盆周山地猪遗传资源保种场，利用盆周山地猪培育涪陵黑猪新品系，确保涪陵黑猪这一珍贵种质资源的延续和发展，这不仅是对生物多样性的保护，也是对地方文化和传统的传承。

6. 搭建智慧农业平台 农场积极构建智慧农业平台，以数据监测为技术基础、远程控制为核心，通过物联网技术，实现对猪舍环境的实时监测和调控，包括温度、湿度、空气质量等指标，确保生猪在最佳环境中生长。平台还集成了数据分析功能，为管理人员提供决策支持。引入先进的信息管理系统，对生猪的养殖过程进行全程记录和分析，每头猪从出生到出栏的所有数据，包括生长情况、疫苗接种、疾病治疗等，都被详细记录，实现了生猪养殖的精细化和数据化管理。为保障食品安全和消费者信任，农场应用了区块链技术。通过给每头猪佩戴电子标签，记录其从出生到屠宰的全过程数据，消费者可以通过扫描猪肉产品上的二维码，追溯到该猪肉产品的详细养殖和加工信息，确保食品的可追溯性和透明度。

7. 改造应用农机装备 针对长江上游西南地区地形复杂、农户居住分散和耕作地块小的特点，利用现代人工智能、物联网和数字经济技术，对移动式猪舍进行了五次迭代升级。该移动智能猪舍采用现代新型材料组装而成，不使用砖和水泥，具有高架悬空、滑轮移动、环境可控、装拆方便、车间生产、现场安装、维护简便、重复拆卸使用、使用寿命长（超过 15 年）、残值率高等特点。通过推广移动智能猪舍建立了农户家庭农场 15 个。

8. 三产融合 农场不仅专注于生猪养殖，还进一步延伸产业链，进行猪肉产品的深加工。通过精细分割、加工制作各类猪肉制品，如午餐肉、香肠、火腿、小酥肉、水滑肉等，提高了产品附加值。打造了生态农场体验项目，让游客亲身参与农业活动，如喂猪、摘菜、黑猪认养、菜园认养等，感受农耕文化的魅力，还积极开展农业教育培训活动，邀请专家学者为农户和员工传授现代农业知识和技术。

涪陵黑猪肉加工产品

四、综合效益

1. 经济效益 农场通过引入先进的养殖技术和科学的管理方法，显著提高了生猪的养殖效率和生产质量。每出栏 1 头生猪比“洋三元”生猪多新增收益 500 元以上；每亩作物种植节约肥料成本200元以上，并能长久保持耕地质量、作物产量与质量和猪肉质量，实现可持续发展。智能化移动式猪舍家庭农场是提高农民收入、乡村产业振兴的有效途径，对农业可持续发展产生深远影响。

2. 生态效益　农场化肥和农药的用量相比传统养殖方式减少量达50%，废弃物资源化利用率95%，农副产物利用率90%，土壤结构明显改善，保水力明显增强，土壤有机质和土壤微生物含量显著提高，生物多样性显著恢复，人居环境明显改善。

3. 社会效益　采用“公司+农户”的合作模式，有效带动周边农户增收。这种合作模式不仅提高了农户的养殖和种植技术水平，还为他们提供了稳定的销售渠道和收入来源。农场积极参与社会公益活动，通过捐赠教育资金、支持当地基础设施建设等方式回馈社会，进一步提升了企业社会形象。通过举办农耕文化体验活动、生态农业知识讲座等形式多样的活动，成功吸引了公众的关注和参与。这些活动不仅增强了公众对农耕文化和生态环保的认识和重视，还为传承和弘扬中华优秀传统文化做出了积极贡献。

四川省巴山绿源生态农业开发有限公司

一、基本情况

四川省巴山绿源生态农业开发有限公司成立于 2011 年 8 月，注册资金 1 000万元，位于达州市大竹县。主营业务为蔬菜和畜禽产品的研发、生产、销售。农场面积 7 000 余亩，地处大巴山深处，山高水净、绿树成荫、云雾缭绕，自然环境优越，生态条件得天独厚。农场秉承“生态、低碳”的发展理念，加强种养循环利用。2007 年以来，农场流转低下林、撂荒地进行培养改造，累计投入资金 1.1 亿元，开发种植区 1 944.47 亩，养殖区 1 500 亩，建成养殖场（9 个）、观光接待与有机产品体验中心，以及员工宿舍、大型冷藏库等设施。

农场散养的鸡在大巴山森林中自然觅食，辅以玉米、蔬菜和山泉水，无饲料、无激素添加，鸡肉肉质紧实、味道鲜香。每年养殖的鸡出栏量 1 万只，年产鸡蛋 100 万枚。种植蔬菜品种 32 个，年产蔬菜 3 000 吨，畅销成都、西安、重庆、上海等地。此外，农场正在筹建有机农产品加工车间、交易及物流中心，并计划在成都、西安、上海等地建立农产品分装中心。

农场布局示意图

农场与四川省农业科学院、达州市农业科学研究院达成产学研合作协议，承担多项重点农业项目，四川省科技厅“高山有机甘蓝轻简高效栽培技术推广示范”项目、达州市科技局“不同透气率保鲜用膜对番茄采后品质调控研究”

项目、大竹县科技局“林下笨鸡种养循环”项目等。2023 年，农场与达州市农业科学研究院、达州市畜牧技术推广站、万源市黑鸡林农业开发有限公司联合申报达州市地方标准《达州市林下养鸡技术规程》（DB5117/T 93—2024），2024 年 5 月 15 日该标准开始实施。

二、经营理念

民以食为天，食以安为先。生态农业是能够维持土壤、生态系统和人类健康的现代农业生产系统，是践行生态优先、绿色发展理念的现代农业生产模式，是供给优质安全农产品、满足人民美好生活需要的现代农业生产方式。农场将“发展生态农业，畅享品质生活，守护绿水青山”作为发展理念，采用种植与养殖相结合的生产模式，生产各类高端蔬菜、肉类、蛋类、粮食类，同时将废弃物无害化处理，进行资源化循环再利用。此外，通过加强农用机械等投入降低劳动强度，提高生产效率。

三、做法模式

农场因地制宜、结合实际，将蔬菜尾菜作为鸡饲料，将鸡的粪便和蔬菜下脚料送到沼气池内发酵，通过微生物分解生产沼液，沼液作为液体肥料用于蔬菜种植，形成一个完整的生态循环系统。

种植与养殖

1. 资源节约方面

（1）节肥措施。采用测土配方施肥技术精准施肥，并将蔬菜下脚料制成绿肥，将畜禽粪便发酵成沼液用作底肥，将商品有机肥用作追肥，减少化学肥料施用。

（2）节药措施。采用苦参碱、丁子香酚、益生菌等生物措施结合诱蝇球等物理措施进行病虫害综合防治，不施用化学农药。

（3）节水措施。采用滴灌、喷灌等节水灌溉方式，在基地附近分散配套建设蓄水池 10 个，雨水容积达 1 500 多立方米，配套运水车 1 辆。

（4）节地措施。采用间种、轮作模式，提高土地利用率。

（5）节劳措施。农场将作业道路硬化，并购置冷链运输车辆、普通货车、旋耕机等设备10余台。采用小型机械翻耕和整理土地，节省劳动力。

机械耕作

2. 环境保护方面　农场大量施用以畜禽粪便堆沤为主的有机肥料，消纳畜禽粪便带来的环境压力。种植废弃物主要有尾菜及加工后的下脚料，直接用于喂鸡，利用率达95%以上。养殖废弃物主要有畜禽粪便和冲洗污水，采用沼气池三次发酵后，与菌渣一起制作堆肥，用作菜地的底肥，利用率达90%～98%。

发酵池

施用有机肥

3. 生态方面　农场采用生物农药和杀虫灯进行病虫害防治，并对种植基地和养殖场进行石灰消毒。草害防治措施主要是人工除草，结合微型割草机、小型旋耕机除草。同时采用间种、轮作等方式对闲置土地进行培育，以及绿肥翻耕等方式保护生物多样性。

四、综合效益

1. 经济效益　目前农场已与盒马鲜生签订了长期供货合同，成为盒马鲜生的直供基地，并向山姆、伊藤等超市供货，年供应蔬菜300万千克、鸡1万只、鸡蛋100万枚，年销售额达3 000万元，毛利润约500万元。

杀虫灯

2. 生态效益 农场通过有机废弃物资源化和无害化处理，进行资源再利用，做到了无污染排放，并且提高了土壤肥力、保持了土壤生态健康。具体表现为土地资源利用率超过 90%，土壤肥力上升一个等级，畜禽粪便处理率达 100%，化肥农药做到零使用。

3. 社会效益 采用“公司＋家庭农场＋基地＋农户”的经营模式，与生产基地周边农户通过现场指导、种植示范、免费技术培训、土地流转和提供就业岗位等方式建立了长效利益联结机制。每年季节性用工 500 人，直接带动农户就业 160 户，辐射带动农户千余户，户均增收 3 000 元以上，有效推动地区经济发展和乡村振兴。

云南牛牛牧业股份有限公司

一、基本情况

云南牛牛牧业股份有限公司成立于2014年，注册资金6 800万元，位于云南省红河哈尼族彝族自治州泸西县白水镇大无浪村。农场主要从事优质牧草示范种植推广、青贮饲料加工配给、奶牛饲养、优质生牛乳生产及销售、良种培育和输出等经营活动。农场占地面积988.06亩，现存栏良种奶牛8 000余头，日产生牛乳100吨。生产区、饲草饲料区、养殖区与生活办公区建设布局合理，引进先进饲养、饲喂设备和智能管理系统，配套设施完善。配套示范种植基地4 000亩，种植苜蓿、小麦、青贮玉米等。

经过多年发展，农场实行“种、养、育、繁、推”一体化发展模式，与高校、科研院所展开合作，依托牛牛牧业国家奶牛核心育种场，搭建国际先进水平的“奶牛体外性控胚胎生产实验室及高效繁殖技术研发平台”，开展研发、集成经典育种、生物快繁、基因组检测、大数据育种等现代育种技术。现已筛选核心群500头，并成功进行胚胎移植两批，产出后代各项指标经检测远超国内奶牛标准，为下一步开展奶牛高效育种、体外胚胎生产奠定基础。通过生产含A2β-酪蛋白的牛乳和原生DHA牛奶，打造特色奶源基地。

农场鸟瞰图

二、经营理念

农场依托牛牛牧业国家奶牛核心育种场，着力在发展壮大优质奶源基地方面下功夫。一是持续打好“高效育种”牌。抢抓国家奶牛遗传改良计划机遇，开展研发、装配、集成经典育种、生物快繁、基因组检测、大数据育种等现代育种技术，围绕牧场转型升级、低碳减排、胚胎移植等进行专项研究，形成企业核心竞争力，打造一流奶牛育种企业。二是持续打好“高原特色”牌。按照畜禽良种化、养殖设施化、生产规范化、防疫制度化、粪污无害化、监管常态化的要求，加快奶牛标准化养殖场建设步伐。开展智慧牧场建设，推动物联网、大数据技术在奶牛养殖中的应用，普及全混合日粮饲喂技术，不断提高智能化、精细化管理水平，实现养殖管理现代化。

通过多年探索，采用“村集体＋龙头企业＋家庭牧场”的组织运营模式。以村集体为核心，扩大种植面积，在红河哈尼族彝族自治州建设多个小型村集体牧场，缓解土地缺少问题，减小粪污集中产生的压力，打造集优质饲草料种植、优质奶源生产、肉用资源开发等于一体的产业融合发展模式。全面推广应用奶牛物联网系统、全程监控饲喂系统等，提升基地集约化、自动化、现代化的养殖水平和资源处理能力。

三、做法模式

1. 高效节水，节能降耗 在挤奶厅下方建设蓄水池，将设备清洗污水收集沉淀，通过潜水泵，冲洗挤奶厅待挤区地面牛粪。在挤奶厅安装板式散热器，刚挤出的鲜奶通过板式散热器与自来水进行热交换，将奶温降至16～20 ℃，使用后的自来水回流到生活区备用蓄水池，作为备用水源，定期加压后作为生产生活用水；在挤奶厅建设冰水池（常年保持 0 ℃），冰水池内 0 ℃冰水通过板式散热器与 20 ℃左右鲜奶进行热交换降温，使奶温最终降至 0～3 ℃，鲜奶汇集到冷藏储奶罐，冷链奶罐车运送至加工厂加工。

挤奶厅

2. 种养结合，粪污资源化利用 不断完善牧场粪污处理流程，在每栋牛舍安装全自动刮粪设备，规划粪污管道，将产生的牛粪收集至中间集污池，经过匀浆、沉淀后进入大型沼气发酵系统进行沼气发酵。发酵完成后经过两次固液分离，固粪进入分子膜发酵系统，经过高温厌氧发酵后，通过仪器分析（干燥程度等是否符合标准）后返回牛舍作为松软的垫料。粪污经过分子膜发酵后，其中大部分细菌可被杀死，同时有效减少废气的产生，用作牛舍垫料在提高奶牛福利的同时可有效降低乳房炎发病率。发酵产生的沼气用于挤奶厅、职工宿舍烧热水，节约了大量燃料费用。发酵产生的沼液一部分通过田间管道还田种植有机饲草，实现粪污的就近消纳，另一部分免费供给附近农户种植蔬菜、水果，实现全场废弃物资源循环利用。

粪污分子膜发酵

3. 废弃物资源循环利用 按照“一控两减三基本”的总要求，完善养殖场粪污处理设施，提升资源利用率，促进绿色可持续发展。以农业节水、农药化肥减量施用、养殖和种植废弃物资源化利用为主，形成自有奶牛养殖场的“内循环”与整个白水镇的“外循环”。

（1）内循环。 推动建立“农作物种植-奶牛养殖-废弃物处理-有机还田”为主线的循环模式，在项目区内形成可复制、可推广的“饲料-奶牛-肥”生态循环农业典型，探索综合运用农艺、生物和工程节水等农业技术模式及病虫害生物、物理防治技术。有效防止粪污及土壤中的残留农药、化肥进入河流和库区，实现生态保护。

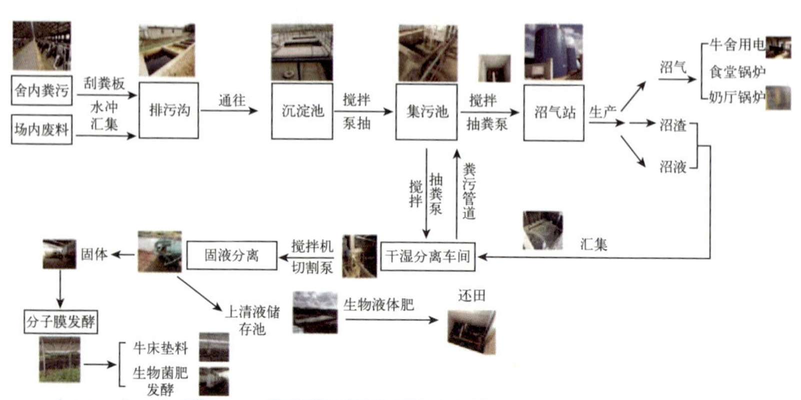

牧场粪污内循环示意图

（2）外循环。 牧场与周边农户签订租地协议，在集中连片的农田上实施种养结合的模式，资源化利用奶牛养殖产生的粪便，实现粪污就近消纳、农田地力提升、化肥农药减量、生态循环的目标。同时辐射带动周边的种植与养殖，为周边农户提供优质的有机菌肥，满足周边果蔬种植的需求，从而达到整县畜禽养殖废弃物综合利用。

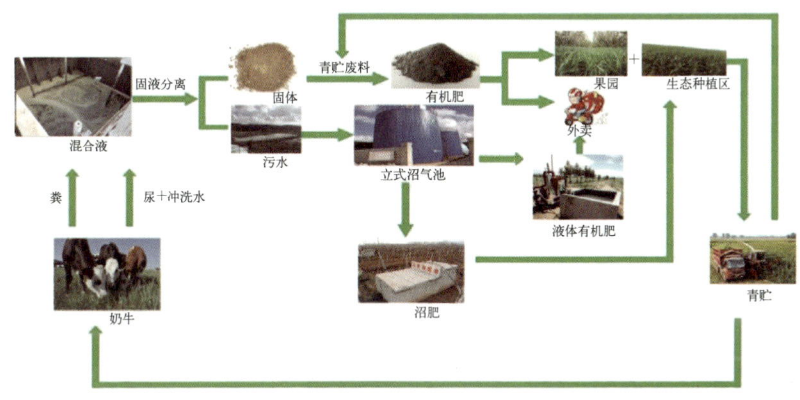

牧场粪污外循环示意图

4. 兽药使用减量 牧场始终秉持“防重于治，养重于防”的健康养殖理念，充分认识到减抗能够减少奶牛养殖环节对兽用抗菌药的过分依赖，减少并逐步停止非治疗用途抗菌药的使用，杜绝预防用兽用抗菌药的盲目使用，同时降低生牛乳中兽药残留、遏制动物源细菌耐药性产生。通过科学合理布局，健全防疫体系，定期全场消毒，制定合理的免疫程序，建立健全全场投入品质量管控体系，根据奶牛所处年龄阶段的不同制定科学、合理的营养配方，不断提高牛群免疫力，减少兽用抗菌药的投入使用。

5. 科技装备应用 农场自成立以来一直将数据化与智能化结合，应用于生产经营中。所有奶牛均佩戴身份识别耳牌，配备利拉伐全自动犊牛饲喂系统、TMR 饲料制备机和自动推草车等饲料制备、饲喂设备，进行标准化、系统化饲喂，为奶牛高效养殖提供了优质均衡的营养保障。利拉伐 72 位并列式挤奶设备及帝波罗挤奶厅管理软件智能控制整个挤奶过程，保障奶牛乳房健康、保证牛乳产量和质量。智能电子项圈、发情监测系统全方位监测牛群发情、采食、运动等情况，使配种员可以根据监测情况快速、及时、准确掌握奶牛发情情况。引进的数据化办公管理系统和一牧云牧场管理软件，便于实现企业人员管理和牧场信息化管理。全场各功能区实现监控全覆盖，规范牧场员工行为规范的同时，让养殖和生产变得可视化，让国民喝上“放心奶”，提升行业口碑，推动企业发展。

四、综合效益

1. 经济效益 农场年产生牛乳10 000吨，经济效益达5 000万元。年产生沼液87 212吨，全部供应自有牧草种植2 438亩、带动周边群众种植青贮玉米18 000亩，年收入510万元。分子膜发酵后的牛粪返回牛舍作为松软的垫料，使养殖的牛乳房炎发病率下降了4.08%。经过沼气发酵系统厌氧发酵产生的沼气用于生产和生活用电，节省了用电成本。固液分离车间产出的多余肥料进行外销，年销售收入200万元。

2. 生态效益 施用沼液肥，每亩青贮玉米减少化肥用量15千克，按照种植13 438亩青贮玉米估算，减少化肥用量201.6吨，每亩化肥减量37.5%。有机肥料还田还具有改良土壤、培肥地力、增加土壤有机质、促进土壤有益微生物活动、提高土壤供肥能力、增加农作物抗病能力、减少化肥用量等作用，生态效益显著。

沼气站密闭发酵的环境可以杀死粪便中的寄生虫卵、病菌等，大大改善场区卫生条件。分子膜二次发酵过程可有效消灭致病菌、虫卵，同时保持纤维的完整性，生成安全的类无机垫料。高效、低成本地解决了牧场在运营过程中使用垫料成本高、环境性乳房炎难控制、碎料易形成扬尘进入氧化塘和严重设备磨损等问题，实现了资源高效利用、生产清洁可控、废弃物循环再利用。

3. 社会效益 深入推广“党总支＋合作社＋农户＋龙头企业”产业全覆盖模式，建立家庭牧场经济模式。通过产业联村、项目带村、智力帮扶等方式，农场与泸西县7个乡镇75个村级综合服务社10 000余户农户40 000余人形成利益联结体。累计推广种植牧草15万亩，收购牧草35万吨，支付牧草款2.3亿元，带动村集体和农户增收8 000余万元，为泸西经济高质量发展贡献了力量。